小學生1天1頁
就能變得更聰明！

人體妙極了！

366

原田知幸 監修

瑞昇文化

「想要深入了解不可思議的事、想要解開未知的謎團」是我們求知求學的基礎。人類到目前為各種探索及發現，對現今的發展有莫大的貢獻。

據說人體中有37兆個細胞，這些數量驚人的細胞構成了我們的組織、臟器及身體。

血液流經的心臟及血管、交換氧氣及二氧化碳的呼吸器官、消化食物並吸收營養的消化器官、排放老廢物質的腎臟及泌尿器官、做為心臟及身體中樞的腦神經系統、抵禦外部入侵的病原體及負責擊退體內壞細胞的免疫細胞等，我們的身體就是由各種臟器、組織、細胞等緊密合作，以維持身體運作，我們的身體可以說是離我們最近的**「不可思議寶庫及神秘宇宙」**啊。

「醫學」指的是研究治療病人、預防疾病及增進健康等的學問。醫學以自然科學的準則為基礎，可以分為：探討生命的起源／疾病成因及引發症狀機制的基礎醫學、關於疾病的診斷及治療的臨床醫學、預防疾病及維持健康的預防醫學。

紀元前被稱為「西方醫學之父」的希波克拉底曾說過，醫術並非所謂的迷信或是咒術，而是建基於臨床觀察及科學實驗而發展，被稱為「醫學」的一種學問。

醫學從希波克拉底的時代開始，正向迎擊未知的謎團，跨越各種疾病的挑戰，並持續有新的發現直到現在。能有這樣的發展，無庸置疑的是因醫療學者抱持著「**想要深入了解不可思議的事、想要解開未知的謎團**」這樣的信念。

本書站在醫學的立場，針對人體這個「不可思議寶庫及神秘宇宙」進行說明。不管是已經知道或是還不瞭解，在每天閱讀後必會成為自己知識的養分。在獲取新知後你可能又會有新的疑問及困惑，想必就是受到本書提到，學習及學問的根源是「想要深入了解不可思議的事、想要解開未知的謎團」這個想法的影響。

監修者 **原田知幸**

分類及本週主題！

讀完的日期記下來！

看了就懂的摘要！

3大重點簡單明瞭！

了解更多更有趣的小知識補給站！

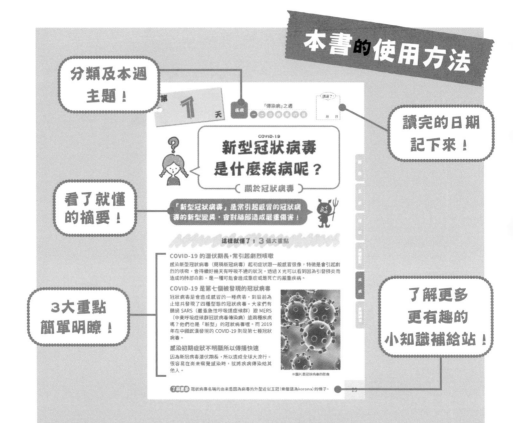

臟器

說明心臟、消化器官及肺等，人體中臟器的組成、作用及相關疾病。

身體動態

認識骨頭、肌肉及關節等，人體動態必要部位的構造及組成。

五感

瞭解眼睛、耳朵、鼻子及肌膚等，人體中負責收集外部情報的感官器官構造、作用。

疾病

說明傳染病、癌症及毒物等，對人體有不良影響之疾病細節。

機能

認識免疫機能、賀爾蒙及排泄等，維持人體運作的各種機能。

身體網絡

瞭解血管、淋巴及神經等，人體中各種身體網絡的構造及運作。

目錄

疾病 傳染病

五感 口腔

臟器 心臟

目錄

機能 免疫

身體動態 肥胖

疾病 感冒

目錄

身體網絡 血液2

了解更多

ブックデザイン　金井久幸 [TwoThree]

図版制作・DTP　土谷英一朗 [Studio BOZZ]／髙橋祐美

カバー、メインイラスト　力石ありか　校正　鴎来堂

■照片、插圖 ※數字為頁碼

123RF：23、25、26、27、28、29、31、32、33、34、35、36、37、40、42、43、48、49、52、53、59、60、68、69、70、74、78、83、90、91、93、94、96、98、100、103、105、107、108、111、113、114、117、120、121、122、123、125、132、133、134、135、136、137，139、143、150、152、155、156、159、161、166、167、168、170、172、176、179、182、184、191、192、193、194、195、196、198、201、204、205、207、211、212、214、215、218、219、220、222、227、228、229、230、231、232、235、236、237、238、239、242、244、245、248、250、253、254、255、257、261、262、263、264、265、266、267、268、271、274、277、278、280、289、292、294、304、306、307、308、309、310、312、313、314、315、316、317、318、320、323、334、339、340、341、342、343、344、346、351、352、353、354、355、357、358、359、360、361、362、364、365、367、372、374、375、377、382、384

Illust AC：24、38、41、44、45、46、47、50、51、54、55、56、57、58、61、62、63、64、65、66、72、76、77、79、80、81、82、84、85、86、87、88、89、92、99、104、106、109、110、112、115、116、118、119、126、130、140、142、144、145、146、147、148、149、151、157，158、160、162、164、165、169、177、178、181、187、188、189、190、197、199、202、203、206、208、210、216、217、221、223、224、226、233、234、241、243、246、247、249、250、251、252、256、258、259、269、270、272、273、275、276、279、282、283、285、286、287、288、290、291、293、295、296、299、300、301、303、311、312、313、319、321、322、324、325、326、327、328、329、330、331、332、333、335、337、345、347、348、349、363、368、369、370、373、376、378、379、380、381、385、386、387、388

Photo AC：39、128、129、131

いらすとや：124、163、183、378

Pixabay：30

Wikipedia Commons：174、225、281

COVID-19
新型冠狀病毒是什麼疾病呢？

（ 關於冠狀病毒 ）

> 「新型冠狀病毒」是常引起感冒的冠狀病毒的新型變異，會對肺部造成嚴重傷害！

這樣就懂了！ 3 個大重點

COVID-19 的潛伏期長，常引起劇烈咳嗽

感染新型冠狀病毒（簡稱新冠病毒）起初症狀跟一般感冒很像，特徵是會引起劇烈的咳嗽，會持續好幾天呼吸不適的狀況。透過 X 光可以看到因為引發肺炎而造成的肺部白影。是一種可能會造成重症或是死亡的嚴重疾病。

COVID-19 是第七個被發現的冠狀病毒

冠狀病毒是會造成感冒的一種病毒，到目前為止總共發現了 4 種型態的冠狀病毒。大家有聽過 SARS（嚴重急性呼吸道症候群）跟 MERS（中東呼吸症候群冠狀病毒傳染病）這兩種疾病嗎？他們也是「新型」的冠狀病毒喔。而 2019 年在中國武漢發現的 COVID-19 則是第七種冠狀病毒。

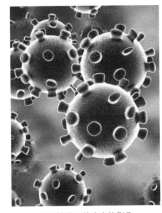

感染初期症狀不明顯所以傳播快速

因為新冠病毒潛伏期長，所以造成全球大流行。很容易在尚未察覺感染時，就將疾病傳染給其他人。

※圖片是冠狀病毒的影像

了解更多　冠狀病毒名稱的由來是因為病毒的外型近似王冠（希臘語為korona）的樣子。

腦 部
五 感
機 能
身體動態
疾 病
身體構造

流行性感冒是什麼樣的疾病呢？

（ 關於流感 ）

流行性感冒病毒會經由口鼻進入人體，是一種會導致發燒及喉嚨疼痛的疾病。

這樣就懂了！ **3** 個大重點

流行性感冒跟一般感冒很像，但症狀更加地嚴重

受到流行性感冒病毒（簡稱流感病毒）感染後，隨著體內病毒量的增加，會出現發燒以及喉嚨疼痛的症狀。和一般感冒不一樣的是，感染流感時會突然發高燒，且身體產生強烈的倦怠感。

經由受感染者咳嗽時的飛沫傳染

流感患者在打噴嚏及咳嗽時，會噴出含有大量流感病毒的飛沫，這些飛沫如果進入其他人的口鼻，就會造成感染。流感在冬天時期特別容易流行。而戴口罩、漱口及洗手是預防流感的好方法。

人類會感染的有A型及B型流感兩種

「今年流行的是A型流感呢」這句話有沒有覺得有些熟悉？流感病毒也會感染動物，但會感染人類的只有A型及B型這兩種。每年的流感疫苗，都是選擇當年可能流行的病毒株來製作的。

流行性感冒!?

了解更多 流感最好的就醫時間是在發燒後12～48個小時。

器官　五感　機能　身體動態　疾病　身體網絡

麻疹是什麼樣的疾病呢？

(關於麻疹)

被麻疹病毒感染後，
會出現高燒、紅疹和口腔白點等症狀。

這樣就懂了！ 3 個大重點

麻疹症狀為發燒、紅疹與口腔白點

麻疹最大的特徵，就是發病 4 ～ 5 天後，全身會出現直徑約 2 ～ 3 公釐的紅疹。從病毒進入體內到產生症狀，潛伏期大概是 10 ～ 12 天。而前 2 ～ 3 天會有約 38℃的發燒、咳嗽和流鼻水的狀況。再來臉頰內側的黏膜也會出現白色斑點。

麻疹病毒的傳染力是各病毒中最強的！

麻疹病毒經由空氣傳染。患者咳嗽或是打噴嚏後，含有病毒的飛沫便會飄散在空氣中，而且可以懸浮約 2 小時，很驚人吧！麻疹的傳染力也非常強，團體中一旦有一個人得病，便可以傳染給 12 ～ 14 個人。傳染力是流行性感冒病毒的 7 倍左右。需要留意的是，麻疹在紅疹消失後的 4 天內，都仍有傳染力。

曾因很常見而被輕忽

很久以前，麻疹被認為是「大家都會得到的一般疾病」。但現在我們知道，這是一個可能引起死亡的可怕疾病，最好透過注射疫苗來預防。

了解更多　德國麻疹又稱風疹、三日疹，是由德國麻疹病毒感染造成，和麻疹是不一樣的疾病。

為什麼會引起流行性腮腺炎呢？

（ 關於流行性腮腺炎 ）

由流行性腮腺炎病毒引起。一旦吸入感染者咳嗽或打噴嚏的飛沫，就有可能被傳染。

這樣就懂了！ **3** 個大重點

特徵是發燒、耳朵下方腫脹

流行性腮腺炎又被稱為「耳下腺炎」，俗名「豬頭皮」。感染後臉頰或下巴的下方會腫起，並有發燒、頭頸疼痛等症狀。患者的唾液中含有的流行性腮腺炎病毒傳染力很強。常在 4 歲～小學低年級左右被感染。

腮腺炎病毒在還沒症狀時就可傳播

被流行性腮腺炎病毒傳染後，大約 2 ～ 3 周後會出現症狀。然而，在症狀出現前 6 天左右，病毒就已經存在患者的口水中。因此，在還沒注意到自己被感染時，就可能傳染給周遭的人。這就是為什麼在學校等團體生活的地方容易有腮腺炎的流行。

可以透過接種疫苗預防

腮腺炎並沒有特別有效的治療方法，只能透過退燒藥或止痛藥來減輕症狀。因此，注射疫苗來預防腮腺炎是很重要的！

關器

五感

機能

身體動態

疾病

身體網絡

了解更多 如果在青春期後感染到腮腺炎，可能會造成精子數量減少的情形。

登革熱是什麼樣的疾病呢？

(關於登革熱)

被帶有登革熱病毒的蚊子叮咬後而感染，會出現高燒和紅疹的症狀。

這樣就懂了！ 3 個大重點

突然發燒、頭痛、關節痛，出現紅疹

人類被帶有登革熱病毒的埃及斑蚊或白線斑蚊叮咬，受到感染而造成登革熱。被叮咬後 2 ～ 15 天後會有突然發燒、頭和關節疼痛的症狀，也可能出現紅疹。多數人能在一周內康復，但也有變成重症出血的情形（登革出血熱）。

日本睽違70年出現本土性感染個案

東南亞、南亞、中南美洲等熱帶、亞熱帶地區是登革熱的好發區域。在日本較多是海外旅行時被叮咬，回國後發病的狀況。不過，2014 年的夏天，陸續出現在東京代代木公園被叮咬而感染的病患。之後，疫情更擴大到其它縣市，造成極大的騷動。

因沒有疫苗，最好的預防方法是避免被蚊子叮咬

登革熱病毒共有 4 種類型，每一型都有致病的能力。若是前後感染了兩種不同的類型，將有更高的機率導致重症。因此，在蚊子較多的地點活動時，請好好地進行驅蚊、防蚊的工作。

了解更多 在澳洲，研究者讓蚊子感染可在體內共生的細菌，進而達到控制登革熱傳播的效果。

臟器
五感
機能
身體動態
疾病
身體構造

愛滋病是 什麼樣的疾病呢？

(關於AIDS)

感染人類免疫缺乏病毒後會使得免疫力下降，容易得到平時不易感染的疾病。

這樣就懂了！ **3** 個大重點

身體的免疫力被破壞後，引發各種疾病

AIDS 是「後天免疫缺乏症候群」的簡稱，又叫做愛滋病。我們人體的免疫（第44 頁）系統平常可以保護我們不被外來病原體侵入。然而，被人類免疫缺乏病毒（HIV）感染後，身體的免疫力會遭到破壞，就會得到平常不容易感染的疾病。

愛滋病常在被病毒感染的10年後才發病

人類免疫缺乏病毒（HIV）可透過體液、血液和母乳傳染。因此，性行為、輸血都是可能的傳染途徑。嬰兒也可能被已感染病毒的母親傳染，稱為母子垂直感染。感染後，體內的病毒量會突然上升，並出現發燒、身體疼痛等情形，但約莫1～2 個月就會好轉。只是，病毒仍然潛伏在人體中，經過 10 年以上、免疫力下降後，愛滋病便會發病。

愛滋病不是不治之症！

從前愛滋病常常被和「不治之症」畫上等號。但現在我們已經可以透過降低體內病毒量來控制身體的免疫機能，進而控制病症。早期發現的話，其實還是可以像一般人一樣的生活。

了解更多 目前最有力的學說認為，愛滋病的傳播是因為人類吃了感染HIV的黑猩猩所致。

細菌和病毒不一樣嗎？

(關於細菌和病毒)

細菌可以自行複製增生，但病毒是無法靠自己的力量增殖的！

這樣就懂了！3 個大重點

病毒需要利用人類或動物等生物的細胞進行繁殖

細菌及病毒都是可能造成傳染病的微生物。兩者最大的差別在於「是不是細胞」。因為細菌是細胞，所以可以自行細胞分裂、繁殖增生。病毒不是細胞，如果不透過感染其他生物則無法存活。

病毒比細菌小很多

細菌的大小是以「微米（μm）」為單位（微米是毫米／公釐的千分之一），可以透過光學顯微鏡看到。病毒又更小，以奈米（nm）為單位（奈米是微米的千分之一），要透過電子顯微鏡才可看到。不管是病毒或細菌，都是肉眼看不見的微生物，因此以前傳染病被認為是種「詛咒」。

細菌和病毒喜歡的環境也不相同

細菌最喜歡濕熱的環境。因此在梅雨季時，很容易有細菌在食物中滋生，而造成食物中毒的狀況。相反的，病毒不耐高溫也不喜歡濕度高的地方，所以感冒、流感都比較容易在溫度低且乾燥的冬天流行。

細菌　病毒

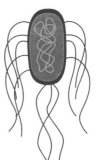

※ 病毒的實際大小比細菌小很多

了解更多 荷蘭的雷文霍克先生（Antoni van Leeuwenhoek）是第一位，透過顯微鏡觀察這些肉眼看不見的微生物的人。

嘴唇為什麼是粉紅色的呢？

（ 關於嘴唇 ）

嘴唇表面的皮膚很薄，所以下方的血色很容易就會透出來了。

這樣就懂了！ **3** 個大重點

嘴唇的皮膚比臉部的肌膚薄了許多

我們臉部跟嘴唇的皮膚，除了顏色不一樣，厚薄度也不大一樣。覆蓋於臉部的皮膚表面（表皮）較厚且硬，但是嘴唇的皮膚卻是非常的薄，所以在嘴唇下方流動紅紅的血液顏色很容易就透顯出來了。

口腔內部黏膜向外延伸部分就是嘴唇！

嘴唇是由「口腔內部黏膜」往外延伸而成，所以才會比臉部皮膚還要薄。當我們「啊──」的張開嘴巴，口腔內側粉紅色的部分就是黏膜。這個黏膜延伸到口腔外部就是嘴唇了喔。

只有人類的嘴唇是紅色的

生物界中只有哺乳類動物有嘴唇，其中只有人類的嘴唇是紅色的。嘴唇可反應人的狀態和情緒。醒目的紅潤唇色配上笑容時，會讓人有「很有朝氣」、「很開心」的感覺呢。

黑猩猩也有嘴唇但不是紅色的

30

了解更多 當進入游泳池時，我們的嘴唇會因為體溫下降而變成紫色。

為什麼會有舌頭呢？

(關於舌頭)

舌頭扮演著協助吞嚥、感受味道及發聲的重要角色。

這樣就懂了！ 3 個大重點

舌頭是協助吞嚥的好幫手

你有沒有注意過，當我們在吃東西時，舌頭是怎麼活動的呢？舌頭在口中其實相當的忙碌，他讓食物可以在牙齒間翻攪磨碎，並協助食物與唾液混合成易於吞嚥的狀態喔。

舌頭可以感受到味道

食物進入口中第一個接觸到的就是舌頭，因為有味覺的接收器，當你覺得「好難吃！」的時候，舌頭就會馬上幫你吐出來。為了避免吃到壞掉或是對身體有害的食物，舌頭扮演著像是守門員的角色。

舌頭會配合發音改變形狀

我們說話的時候舌頭相當活躍！透過舌頭、嘴唇兩者在形狀上的變化，我們才能發出「ㄅ、ㄆ、ㄇ」等不同的聲音，舌頭可是我們說話時的得力助手喔。

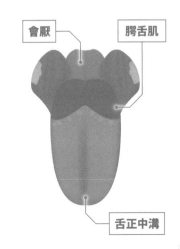

會厭　　　腭舌肌

舌正中溝

了解更多 舌頭因為由肌肉組成沒有骨頭，所以可以靈活的活動。

扁桃腺是什麼呢？

（ 關於扁桃腺 ）

> 扁桃腺位於喉嚨，保護人體不受細菌及病毒的攻擊就是它的工作。

這樣就懂了！ 3 個大重點

「扁桃腺」位於懸雍垂後方的兩側

當感冒到醫院做檢查時，醫生是不是會對你說「張大嘴巴」然後往喉嚨深處確認呢？在喉嚨的深處，懸雍垂左右就是扁桃腺的位置。醫生就是在確認這個位置是否有腫脹的狀況。

保護身體不被細菌及病毒入侵

細菌及病毒會隨口鼻吸入的空氣進入人體。為了避免病原體深入體內，扁桃腺就是其中的一道防線。

喉嚨有四種扁桃腺在執行保衛的工作

扁桃腺有四種。當我們張大嘴巴，在喉嚨深處左右兩邊可見的是「顎扁桃腺」，一般我們提到的扁桃腺就是指這個位置。其他還有位於舌頭根部的「舌扁桃腺」、在鼻子深處的「腺樣體」以及位於其兩旁的「咽鼓管扁桃腺」一同執行防衛作業。

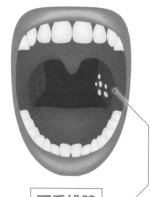

顎扁桃腺

了解更多 扁桃腺名稱源於其外形類似杏仁（又名扁桃）的緣故。

我們為什麼會有懸雍垂呢？

（ 關於懸雍垂 ）

懸雍垂就像鼻子的蓋子，負責控制食物及空氣的通道。

這樣就懂了！ **3** 個大重點

位於口腔上方，下垂的部分就是「懸雍垂」

讓我們張開嘴巴看看喉嚨的深處吧。在喉嚨深處懸吊著紅色像小舌頭的東西，正式名稱就叫「懸雍垂」。從日文名稱「口蓋垂」可看出他是個位於口腔上方「向下懸吊的蓋子」。

懸雍垂像蓋子一樣，阻擋食物誤入鼻子

懸雍垂不只是懸吊在口腔中而已，懸雍垂下方的「喉嚨」，是鼻子及口腔通道的會合處，懸雍垂的工作，就是在我們吃東西時蓋上蓋子，避免口中吃進來的食物跑到鼻子裡面。

懸雍垂在我們說話時會震動

懸雍垂在我們說話時扮演著很重要的角色。蓋上蓋子，讓空氣不會從鼻子的通道呼出；打開蓋子，讓空氣通過調節音調。藉由這樣的運作機制幫助我們發出不同的聲音。

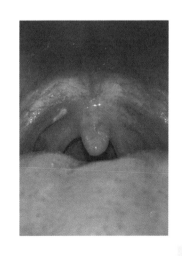

了解更多 有些人會有兩個懸雍垂，也有人的懸雍垂尖端是分岔的。

臟器
五感
機能
身體動態
疾病
身體構結

口水是從哪裡分泌出來的呢？

(關於唾腺)

我們口腔中主要有三個會產生唾液的「唾腺」。

這樣就懂了！ **3** 個大重點

口腔中的三大「唾腺」位於耳下、舌下及下巴

我們的口腔會無意識的產生「口水」。口水也可稱作「唾液」，由口中的「唾腺」生成。位於耳朵下方的「腮腺」、舌頭下方的「舌下腺」、下頜（下巴）的「頜下腺」是我們口腔裡的三大唾腺。

唾液分成水潤的漿液型及黏稠的黏液型

你有聽過唾液有潤澤跟黏稠的差別嗎？當我們吃東西時所分泌的唾液，就是較為水潤的類別，且富含大量助於消化的成分喔。

唾液是保護身體免於細菌入侵的屏障

黏稠的唾液可以防止口腔中的細菌進入人體，也可以避免口腔黏膜受到傷害。是保護人體的重要屏障。

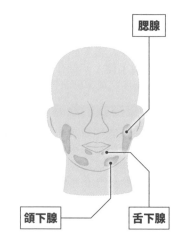

腮腺

頜下腺　　舌下腺

了解更多 成人一天分泌的唾液量，大約有1～1.5公升。

我們是如何感受到味道的呢？

（ 關於味覺 ）

舌頭表面有「味蕾」，可將接收到的味道傳遞到大腦。

這樣就懂了！ **3** *個大重點*

舌頭表面有可感覺味覺的接收器

我們能感覺到味道，舌頭扮演了非常重要的角色。舌頭表面佈滿了可以感覺到味道的接收器「味蕾」。味蕾會把接收到的味道傳遞到大腦，我們才能感覺到不同的味道。

味蕾能感覺的味道有五種！

「味蕾」能分辨「鹹味」、「酸味」、「甜味」、「苦味」及「鮮味」五種味道。是不是有點疑惑「怎麼沒有『辣味』呢」。其實「辣味」不是由味蕾所接收的味道，而是因疼痛所帶來的感受喔。

聞起來的氣味及外觀會影響到美味判斷

你是否曾遮住眼睛、捏住鼻子吃東西呢？這樣是不是就覺得食物好像沒那麼美味了呢？我們鼻子聞到的氣味、眼睛看到的食物外觀，對於食物美不美味會有很大的影響。不只用舌頭感受，用眼睛、鼻子等五感一同品嚐，才是最完美的饗宴喔。

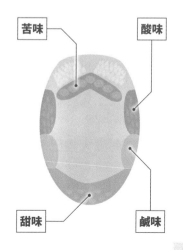

苦味

酸味

甜味

鹹味

了解更多 小孩子味蕾的數量遠比成人多上許多。

腦
器

五
感

機
能

身
體
動
態

疾
病

身
體
網
絡

什麼是顳顎關節症候群呢？

關於顳顎關節症候群

> 顳顎關節症候群是因下巴關節受到壓迫，進而造成難以張嘴且疼痛的疾病。

這樣就懂了！**3**個大重點

是在發生在下巴骨頭及頭骨交接處的疾病

骨頭與骨頭的連接處我們稱為關節，而下顎及頭骨的交接處則稱之為「顳顎關節（又稱下巴關節）」。顳顎關節剛好位於耳朵前方，功能是協助嘴巴開闔。患有顳顎關節症候群的話，顳顎關節就會無法正常活動，並且產生疼痛。

由上下排牙齒咬合不正造成

造成顳顎關節症候群的原因很多，最常見的是因上下排牙齒經常性的緊咬在一起。正常的狀況下，當我們嘴巴緊閉時，上下排牙齒間會留有一定的空隙。如果上下排牙齒常常緊靠在一起，會使得顳顎關節產生不必要的耗損，進一步導致顳顎關節症候群的發生。

顳顎關節

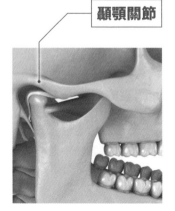

無法順利張大嘴巴

當得到顳顎關節症候群時，嘴巴張大時會感覺怪怪的、還會發出喀啦喀啦的聲響，甚至嘴巴無法張開到以往可張開的大小。如果當嘴巴開闔時會感覺疼痛時，就趕快去看牙醫吧。

了解更多 當我們緊閉嘴巴時，舌尖要能觸碰到上顎，才是正確的咬合位置。

心臟在人體負責
什麼樣的工作呢？

（ 關於心臟的功能 ）

心臟負責將血液輸送至全身，
扮演著像是幫浦一樣的角色。

這樣就懂了！ **3** 個大重點

心臟是一顆拳頭般大小，掌握性命的幫浦

我們在運動時，特別能感受到心臟跳動的聲音。心臟感覺上應該是很大的器官，但實際上只有 1 個拳頭的大小。成人來說，心臟一次送出的血液量約在 60 ～ 130ml。心臟由特殊的肌肉構成，即使在我們睡覺的時候也持續跳動。

由4個腔室組成，並靠瓣膜防止血液逆流

心臟分別與動脈及靜脈（第 100 頁）相連，這樣的結構是不是有點令人擔心血液會不會逆流呢？心臟內部分成四個小房間，並按順序收縮將血液送出。而在兩處血液輸出的出口處有被稱為瓣膜的構造，這個瓣膜就身負著防止血液逆流的重要工作喔。

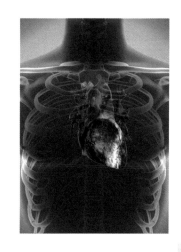

節奏攸關性命！心臟必須規律收縮

心臟的心肌反覆並有規則的「收縮」及「舒張」，稱為脈動。心肌本身無法自己脹大，必須靠血液填充時產生的壓力而使心臟脹大。運動後心跳會變快，這時心臟所以打出的血量也會增加。

了解更多 人類的心臟與其說是「心型」更近似「蛋型」。

為什麼奔跑時心跳會加速呢？

（ 關於心跳加速 ）

為快速把氧氣和營養帶到身體其他地方，心臟會加快跳動來增加打出的血量。

這樣就懂了！ 3 個大重點

透過血液，將氧氣和營養輸送至身體各處

當我們在跑步的時候，肌肉敏捷地運動著，正因如此，便需要氧氣及營養的支援。心臟的作用就是快速地將血液輸送至人體各處，持續地將氧氣及營養帶入全身組織，並交換二氧化碳及營養消耗後產生的廢物。

人體會自主調節心臟跳動

心臟的跳動由自律神經（第 185 頁）控制，跑步的時候、走路的時候、睡覺的時候，我們的身體不需要煩惱心跳要跳多快，便可以自動調整到合適的心跳節奏。

為什麼緊張的時候會心跳加速呢？

從高處往下看、在人群面前說話或是感覺熱的時候，因為交感神經的作用，會使我們的心跳加速跳動。而當感受到壓力時，交感神經的開關也會被開啟，我們就可以明顯感受到心臟跳動的節奏喔。

了解更多 成人平靜時 1 分鐘的心跳數約在 60～80 下。孩童的話則會更多一些。

臟器

五感

機能

身體動態

疾病

身體網絡

心臟麻痺 是什麼呢？

(關於心臟麻痺)

心臟麻痺是指因心臟的原因突然死亡。並不是正式的醫學用語。

這樣就懂了！ **3** 個大重點

心臟麻痺一詞會被用於死因不明的時候

從前當心臟突然停止運作而導致死亡，會被當作是「心臟麻痺」。但是因為不是正式的醫學用語，所以醫生是不會這麼說的。如果健康的人突然倒下時，可以使用 AED（自動體外心臟去顫器）進行急救，這點大家要記住喔！

心臟在某個時間點突然發生痙攣的狀況

時不時會聽到在跑馬拉松時有跑者突然失去意識的狀況。這是任何人都可能遇到的情形，與年齡也沒有特別的關係，而是因為心臟突然出現不規則的跳動，導致血液無法送出的緣故。這時可是攸關性命的危急時刻呢。

透過電擊重整心臟的跳動頻率

當心臟無法在正確的節奏下跳動時，我們可以透過體外的電擊，讓心臟重回正常跳動頻率。如果心臟無法正常地送出血液，只要 3～4 分鐘便會對大腦造成極大的傷害。

臟器
五感
機能
身體動態
疾病
身體網絡

了解更多 心臟產生小範圍的痙攣稱為「心室顫動」，若心跳速度過快則稱為「心搏過速」。

臟器
五感
機能
身體動態
疾病
身體網絡

冠狀動脈是什麼呢？

（ 關於冠狀動脈 ）

冠狀動脈是提供心肌氧氣及營養的血管喔。

這樣就懂了！3 個大重點

心臟所需的氧氣及營養由冠狀動脈輸送

負責將血液運送至全身的心臟肌肉（心肌）當然也需要血液的支援。但因為在心臟內流動的血液無法提供心肌氧氣及營養，所以才會有專屬於心臟的血管「冠狀動脈」。

冠狀動脈血流供應不足會造成「狹心症」

如果部分的冠狀動脈過於狹窄導致血流不順，無法將足夠的血液運送至心臟時，人體便會產生胸痛的症狀，我們稱之為狹心症。狹心症的成因，可能是因為血管痙攣，或是血管內廢物堆積造成。

當冠狀動脈阻塞會引起「心肌梗塞」

如果冠狀動脈出現暫時性的阻塞，血液無法送達心肌，心肌便會因缺乏氧氣及營養而停止運作，這就是心肌梗塞。心肌梗塞會使得心臟停止運作，是攸關性命相當嚴重的疾病。

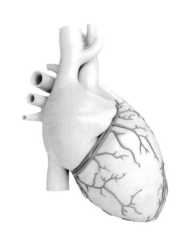

了解更多 心臟約位於人體的中央。人體的左胸是心臟的邊緣，可以感受到心臟的跳動。

心律不整 是什麼呢？

(關於心律不整)

心律不整指的是
心臟不規則跳動的情形。

這樣就懂了！ **3** 個大重點

心臟的電脈衝須正確傳送

心臟的右上方有一個負責啟動微弱電氣的竇房結，透過竇房結發出的電氣，促使心肌收縮啟動血液輸送的機制。當竇房結無法有規律正確放電時，心臟便會出現不規則的律動。這就是所謂的心律不整。

跳得太快跳得太慢都不好

心臟跳太快我們叫「心搏過速」，跳太慢則稱為「心搏過緩」，跳動頻率不穩定則是「期外收縮」，不管哪一種都可稱為心律不整。大家應該有因運動、緊張、興奮、發燒等狀況，導致心跳變快的經驗吧，即便不是生病，我們人體也可能會因特定狀況發生暫時性的心律不整，這種則稱是生理性的頻脈。

可以感受到脈搏

透過血管的作動感受到心臟跳動的頻率，這就是脈搏。我們可以試著用指腹輕壓手腕或脖子等部位，從指尖感受到微小的震動就是脈搏喔。

了解更多 心律調節器可治療心搏過緩的情形。

臟器
五感
機能
身體動態
疾病
身體網絡

瓣膜性心臟病是什麼樣的疾病呢？

（ 關於心臟瓣膜 ）

瓣膜性心臟病指的是位於心臟的瓣膜無法正常地作動引發的疾病。

這樣就懂了！ **3** 個大重點

瓣膜的作用是避免血液混在一起

心臟瓣膜負責讓心臟中的血流只往單一方向流動。為了不讓乾淨的血（含氧氣及營養）與髒的血（含代謝廢物）混在一起，瓣膜會需持續有規律的開闔，讓血液順暢的流動。

流暢地作動、確實地閉合！

當心臟瓣膜無法順利地發揮應有的功用，便稱為瓣膜性心臟病。心臟瓣膜功能不佳有兩種狀況，一種是瓣膜無法確實閉合，導致血液從縫隙流出；另一則為瓣膜無法確實打開，導致無法有足量的血液流出。

可使用心臟超音波進行檢查

除了先天性的瓣膜性心臟病，也可能因其他疾病導致瓣膜性心臟病的產生。診斷時可使用心臟超音波，透過超音波可確認心臟內血流的狀態及瓣膜作動的狀況。

瓣膜無確實緊閉導致血液逆流

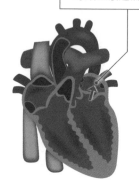

了解更多 海外調查顯示，有97%的瓣膜性心臟病發生在「主動脈瓣」及「二尖瓣」這兩個位置。

心律調節器 是什麼東西呢？

(關於心律調節器)

心律調節器是一種透過提供心臟電氣脈衝，重整心跳節律的輔助型醫療器材。

這樣就懂了！ 3 個大重點

利用心律調節器代替心臟竇房節的工作

心臟的跳動仰賴由竇房節傳遞的起始電脈衝（第 41 頁）。竇房節又可稱為節律點，英文稱為 pacemaker。如果竇房節無法確實發揮作用，便會使得心跳速度變慢，這時候就需要心律調節器作為輔助。

協助改善心律過慢的狀況是它的使命

原本心臟是透過電脈衝的傳送來刺激收縮，並將血液帶出心臟。心律調節器為了確保心臟能依正確的節奏跳動，心律調節器會發送微弱的電波脈衝刺激心臟。當心臟能自主依正確的節律跳動時，心律調節器就不會放電。

心律調節器分為植入式跟體外式兩種

心律調節器分為需透過手術埋入身體的植入式，以及只將電極置入心臟，含有電池的部分延伸出身體外部的體外式類型。就算有裝植入式心律調節器適度輕鬆的運動是沒問題的。另一方面，體外式心律調節器多是在緊急狀況時暫時使用。

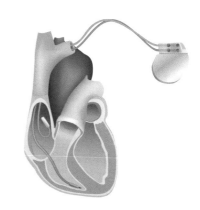

植入式的心律調節器

臟器

五感

機能

身體動態

疾病

身體網絡

了解更多 透過手術置入體內的心律調節器稱為「植入式心律調節器」。

43

免疫是什麼呢？

（ 關於免疫 ）

免疫反應可以保護人體免於病原體的傷害。

這樣就懂了！**3** 個大重點

人類受惠於免疫而存活至今

「免疫」（Immunity）代表著「免於疾病」的意思。免疫反應，可以保護人體不受到病毒或細菌等，會引起疾病的微生物的傷害。由於免疫反應的功勞，人類才能免於滅絕而生存到今日。

白血球會攻擊病原體

人體的皮膚、黏液像牆壁一樣，具有不讓病原體入侵體內的功用。但萬一病原體穿透了這層保護牆，白血球（第 137 頁）就會發動攻擊。白血球中又有嗜中性球（第 284 頁）、單核球（第 386 頁）等不同種類。身體很多部位都有白血球，藉由互相合作來攻擊入侵的病原體。

免疫反應可分為兩類

免疫反應分為與生俱來的「先天性免疫」，與病原體作戰後得到的「後天性免疫」兩種。先天免疫並非只有人類才有，許多生物體內也都有這項免疫反應。

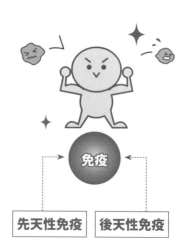

免疫

先天性免疫　後天性免疫

了解更多 首先利用免疫進行醫療行為的人是愛德華・金納醫師 (Edward Jenner)。

先天免疫是什麼呢？

(關於先天性免疫)

人體與生俱來的免疫力，稱為先天性免疫。

這樣就懂了！ 3 個大重點

病原體入侵後，身體第一個啟動的防禦機制就是先天性免疫

先天性免疫在病原體入侵身體後馬上開始運作。透過先天性免疫，人體可偵測出細菌或病毒的蹤跡，將病原體吞噬，並且破壞被病原體感染的細胞。

類鐸受體可偵測出侵入體內的病原體

不只人類，許多生物也具備先天性免疫的機制。一種位於上皮細胞和白血球上，被稱做類鐸受體（Toll-Like Receptor，TLR）的結構，便是擔任偵測外來病原體的工作。當 TLR 辨識出入侵的細菌或病毒後，會釋放化學物質，呼叫白血球前來作戰。

白血球分成好幾個種類，各司其職

白血球中的嗜中性球（Neutrophile）和巨噬細胞（Macrophage）負責將入侵體內的病原體吞掉。而自然殺手細胞（NK 細胞，第 287 頁）則負責破壞已經被感染的細胞。

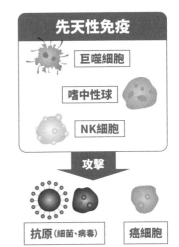

先天性免疫

巨噬細胞

嗜中性球

NK細胞

攻擊

抗原（細菌、病毒）　　癌細胞

臟器

五感

機能

身體動態

疾病

身體頭緒

了解更多 人體的細胞或組織受傷時，先天性免疫會開始運作。

後天免疫 是什麼呢？

(關於後天性免疫)

病原體侵入人體時，身體會依照 以前對抗這個病原體的經驗來作戰。

這樣就懂了！ **3** 個大重點

當先天性免疫不足以抵抗病原體時，就換後天性免疫上場

若先天性免疫無法成功阻擋外來的病原體，就輪到後天性免疫出動執行任務了。後天性免疫可以又稱為適應性免疫（Adaptive immunity）。依照防禦方式的不同，後天性免疫可再分為「體液免疫」和「細胞媒介免疫」兩種。

體液免疫和細胞媒介免疫作戰方式不同

「體液免疫」由 B 細胞（第 286 頁）擔當大任，產生對抗敵人的抗體（第 47 頁）。這些抗體只會攻擊特定的病原體，並非無差別的攻擊。「細胞媒介免疫」則是由 T 細胞（第 282 頁）負責，派出已經記住病原體樣子的淋巴球，直接對病原體發動攻擊。

兩種免疫反應一起守護人體

由於體液免疫和細胞媒介免疫兩種免疫反應的合作，我們的身體才能免於病原體的侵害。

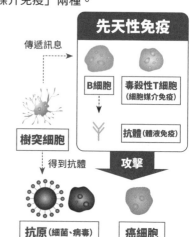

先天性免疫

傳遞訊息

B細胞　毒殺性T細胞（細胞媒介免疫）

樹突細胞

抗體（體液免疫）

得到抗體　攻擊

抗原（細菌、病毒）　癌細胞

了解更多 後天性免疫不只人類才有，在魚類、鳥類、哺乳類的身上都有這種免疫反應。

抗原及抗體是什麼呢？

(關於抗原與抗體)

抗原是會引發後天性免疫反應的病毒或細菌；而抗體是人體派出與之對抗的物質。

這樣就懂了！ 3 個大重點

抗原觸發身體的免疫系統開始運作

抗原會觸發身體產生抗體，而細菌或病毒等病原體就是抗原的一種。舉例來說，癌細胞上被稱為腫瘤抗原（Tumor antigen）的特殊蛋白質，是只存在於癌細胞上的抗原。

抗體並不是直接攻擊入侵的病原體

抗體是為了與抗原對抗製造的物質。B 細胞（第286 頁）為了對抗抗原，會製造被稱為球蛋白（Globulin）的蛋白質。抗原一旦進入人體，身體便開始製造可以對抗這個抗原的抗體。抗體本身並不會直接攻擊和破壞抗原，而是透過活化巨噬細胞（第288 頁）、嗜中性球（第284 頁）等會吞噬異物的白血球，達到保護身體的功用。

〈抗原〉

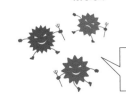

誘發身體產生抗體

病原體再次入侵，免疫系統會很快反應

B 細胞以及部分的 T 細胞，會形成記憶細胞（Memory cells）留存在內。這個記憶功能，會在同一抗原再度入侵時派上用場。

〈抗體〉

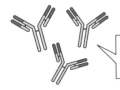

針對抗原生成的物質

了解更多 一種抗體基本上只能跟一種抗原結合。

47

免疫細胞是由哪裡製造的呢？

（ 關於免疫細胞的故鄉 ）

胎兒時期的免疫細胞來自肝臟，出生後則由骨髓製造。

~~~~ 這樣就懂了！ **3** 個大重點 ~~~~

出生前後，製造免疫細胞的位置會改變

免疫細胞是由「造血幹細胞」（Hematopoietic Stem Cells, HSCs）分化而成。當我們還在媽媽體內時，造血幹細胞存在於肝臟；出生之後，造血幹細胞則主要存在於骨髓。它不僅製造免疫細胞，也會製造運送氧氣的紅血球、以及負責止血的血小板。

幾乎所有的免疫細胞都是在骨髓中製造、成熟

骨髓中的「前驅細胞」（Progenitor cells），之後便會分化成各式各樣的免疫細胞。除了 T 細胞（第282頁）是在叫做胸腺的淋巴器官內成熟之外，其它的免疫細胞，幾乎都是在骨髓中成熟。

T細胞在胸腺中發育成熟

胸腺是讓 T 細胞成長的場所。它位在胸口正中間，心臟稍微上方的部位。

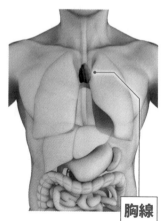

胸線

了解更多 我們的胸腺在青春期時達到最大，之後開始慢慢縮小。

腦
器

五
感

機
能

身
體
動
態

疾
病

身
體
網
絡

淋巴系統是什麼呢？

(關於淋巴)

淋巴系統包括富含免疫細胞的淋巴液，以及它的通道淋巴管。

這樣就懂了！ **3** 個大重點

淋巴液原本是血液的一部份

當一部分的血液通過血管壁滲出，會在細胞與細胞之間形成組織液。當這些組織液進入淋巴管，便會被稱為淋巴液。

淋巴結可過濾身體不需要的物質

淋巴管像血管一樣，是分布在全身的網絡結構。而途中突起的淋巴管聚集處，就叫做淋巴結。人體大概有 400 ～ 700 個淋巴結，而它可以過濾淋巴液中的細菌或病毒、老舊細胞，以及血液中受損的成分等不需要的物質。

淋巴液的流向為固定單一方向

血管將氧氣和養分運送到全身。淋巴管則是富含免疫細胞，為了檢查是否有外來病原體入侵在全身到處巡邏，以便立即發動攻擊。

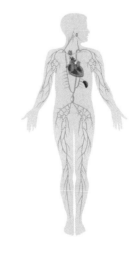

器官

五感

機能

身體動態

疾病

身體鍛鍊

了解更多 淋巴的拉丁原文為lympha，意為「澄清的水」。

免疫力
指的是什麼呢？

(關於免疫力)

> 免疫力並沒有明確的定義，通常指的是
> 免疫細胞是否能良好的發揮作用。

這樣就懂了！ **3** 個大重點

老化和自律神經失調，都可能使免疫力下降

人體對入侵的病原體發動攻擊，稱為免疫反應。然而，隨著年紀增長、自律神經失調（第 185 頁）、壓力等原因，都可能造成免疫力下降。

良好的睡眠品質、減少壓力等，
都對維持免疫力很重要

「免疫力」並非正式的醫學用詞，也沒有明確的定義。一般來說，如果一個人身體的免疫機能不太好，我們會說他是「免疫力不好」。而為了提升免疫力，我們應該注意要有充足的睡眠、均衡的飲食以及避免壓力累積。

讓免疫維持在穩定的平衡狀態

免疫功能太強也並不是一件好事，反而可能會開始攻擊人體健康的細胞。因此，免疫力並非越高越好，而是要讓它維持在穩定的平衡狀態。

> 良好的睡眠、規律的生活，
> 都可以提升免疫力喔！

了解更多 過度激烈的運動，也可能造成免疫功能下降。

人為什麼會變胖呢？

（ 關於肥胖 ）

當我們攝取的熱量持續大於消耗熱量時，身體就會變胖。

這樣就懂了！3 個大重點

攝取熱量及消耗熱量

車子如果沒有汽油或是電力就無法運轉，人也是一樣。我們透過吃東西獲取身體所需的能量，才能有力氣活動。從食物獲得的熱量我們稱之為「攝取熱量」，透過活動等方式消耗掉的熱量稱之為「消耗熱量」。

多餘的熱量會使人變胖

我們會不會變胖，取決於「攝取熱量」及「消耗熱量」是否能取得平衡。如攝取的熱量較多，多餘的熱量蓄積於體內，就會變胖。反之，如「消耗熱量」較多，則會因熱量不足而變瘦。

如果攝取熱量大於消耗熱量人就會變胖。

人體即便沒有在動作也會消耗熱量

即便我們沒在活動，呼吸、維持內臟運作、保持體溫都會消耗熱量。這些我們沒有在動作或是睡覺時被消耗的熱量，被稱作「基礎代謝」。

了解更多 水的熱量是零，所以即便喝水後體重變重，也不能說是變胖了。

皮下脂肪是什麼呢？

(關於皮下脂肪)

皮下脂肪指的是皮膚下方的脂肪。

這樣就懂了！ **3** 個大重點

皮下脂肪會造成膝蓋及腰部負擔

脂肪依附著部位不同分成「皮下脂肪」及「內臟脂肪」兩種。皮下脂肪是附著於皮膚下方的脂肪，皮下脂肪的增加會造成膝蓋及腰部的負擔，但並不會直接引發疾病。

能用手指捏起來的部分就是皮下脂肪

當我們用手指捏屁股等部位時，覺得很有彈性的地方就是皮下脂肪。這種容易囤積在下半身部位的皮下脂肪型肥胖，又稱為「洋梨型肥胖」。

皮下脂肪擔任儲存能量的重要角色

說到皮下脂肪到底有什麼樣的功能，他可是擔任儲存能量及保持體溫的重要角色呢。特別是當女生在懷孕及生產時，皮下脂肪更是有著不可或缺的存在。

皮下脂肪

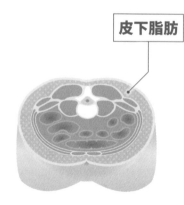

了解更多 人體每天持續少量的累積皮下脂肪，比起內臟脂肪皮下脂肪更難以消除。

內臟脂肪是什麼呢？

關於內臟脂肪

內臟脂肪指的是內臟周圍的脂肪。

這樣就懂了！ 3 個大重點

內臟脂肪是附著於內臟周圍的脂肪

內臟脂肪附著於臟器的四周，確保內臟能在正確的位置，並避免受到衝擊的傷害，扮演相當重要的角色。如果腹部周圍的脂肪多，但是外觀看不太出來的話，就被稱為「隱性肥胖」。

內臟脂肪會誘發多種疾病

內臟脂肪會釋出一種物質叫做「脂肪細胞素（Adipokine）」。好的脂肪雖不易導致糖尿病或是動脈硬化，但是當脂肪堆積於血管變易導致血壓上升。內臟脂肪的增加代表著好的脂肪減少，不好的脂肪變多了。這樣就可能會引起糖尿病或是高血壓的症狀。

內臟脂肪可能危及性命

內臟脂肪多的人血管會比較硬，容易引起心肌梗塞或腦梗塞等危及性命的疾病。內臟脂肪的多寡，可透過電腦斷層攝影得知。

內臟脂肪

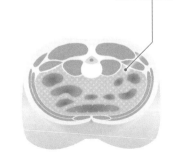

了解更多 食用一個250大卡的甜甜圈所獲得的熱量，需約慢跑30分鐘才可消耗完。

三酸甘油脂是什麼呢？

（ 關於中性脂肪 ）

> 三酸甘油脂過多就會轉換成體脂肪，是「肥胖的根源」。

這樣就懂了！ 3 個大重點

三酸甘油脂（又稱中性脂肪）是肥胖的根源

人體體內有「三酸甘油脂」、「游離脂肪酸」、「磷脂質」及「膽固醇」等四種脂肪。其中「三酸甘油脂」會造成肥胖。三酸甘油脂存在於血液中，作為提供內臟運作的能量來源。

熱量有剩餘時，會被蓄積成三酸甘油脂

當攝熱量充足且有多餘時，便會被轉換為三酸甘油脂。三酸甘油脂可穿透血管儲存於脂肪細胞中作為備用能量，這就是體脂肪。當脂肪細胞越趨膨大，外觀上就會看起來胖嘟嘟的感覺。

能量不足時將會由三酸甘油脂轉換

相反的，當消耗能量持續多於攝取能量時，脂肪細胞中的三酸甘油脂將會進入血管，作為能量使用。如此一來，因為脂肪細胞變小了，外觀看起來也會較為纖瘦。

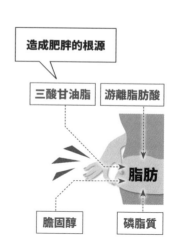

造成肥胖的根源

三酸甘油脂　游離脂肪酸

脂肪

膽固醇　磷脂質

了解更多 體脂肪1公斤是7200大卡。如每天攝取超過400卡的熱量，18天後就會胖1公斤。

身體動態

「肥胖」之週

一 二 三 四 **五** 六 日

讀過了！

月　日

膽固醇是什麼呢？

（ 關於膽固醇 ）

膽固醇是合成賀爾蒙及製造細胞膜的材料。

這樣就懂了！ **3** 個大重點

膽固醇是維持生命不可或缺的物質

膽固醇可從飲食攝取或由肝臟合成製造，是合成賀爾蒙及製造細胞膜不可或缺的脂肪。雖這麼說，當膽固醇過高時，會造成肥胖及血管硬化等問題。

好膽固醇及壞膽固醇的差別

高密度脂蛋白（HDL）的工作是將血管中殘留多餘的膽固醇送回肝臟，因此又叫「好的膽固醇」。相反的，低密度脂蛋白（LDL）是將膽固醇由肝臟運送至全身細胞，所以被稱為「壞的膽固醇」。當膽固醇過多，殘留在血管中的膽固醇會附著在動脈血管壁上，導致動脈硬化。

注意不要讓三酸甘油脂增加過多

為了健康著想，確保 HDL 及 LDL 的平衡，使其能各司其職非常的重要。當三酸甘油脂增加時，LDL 會增加而 HDL 則會減少，所以要特別注意不可以讓三酸甘油脂增加過多。

將膽固醇運送至全身的LDL

將膽固醇送回肝臟的HDL

膽固醇

肝臟

三酸甘油脂

血管

臟器　五臟　機能　**身體動態**　疾病　身體網絡

了解更多 當LDL濃度高或是說 HDL濃度低的狀態稱之為「高脂血症」。

代謝症候群指的是什麼呢？

（ 關於代謝症候群 ）

> 代謝症候群指的是因肥胖而易導致其他疾病發生的狀態。

這樣就懂了！ **3** 個大重點

代謝症候群＝內臟脂肪型肥胖＋其他身體因素

除了內臟脂肪型肥胖外，如同時有「高血糖」、「高血壓」、「脂質異常」等合併兩種以上的狀況時，我們稱之為代謝症候群。雖然還稱不上是疾病，但是需要非常注意的身體狀態。

有代謝症候群的孩童增加了

一直以來，代謝症候群被認為較易發生在成人身上，但近期似乎有這種狀況的孩童也變多了。根據調查，在過於肥胖的孩童中，每 10 人就約有 1～2 人有代謝症候群的狀況。代謝症候群令人畏懼的是其易引起心肌梗塞或腦梗塞。若在孩童時期就處於有代謝症候群的狀態，到 30 多歲、40 多歲便很容易誘發上述疾病。

代謝症候群的預防對策

最重要的是養成健康的生活習慣。常喝果汁的人試著改喝水或茶，有熬夜習慣的人就從早睡早起開始試看看吧。

> 在日本，其中一個判定標準是腰圍，男性腰圍≧85公分、女性腰圍≧90公分可視為代謝症候群。

了解更多 數據顯示肥胖的孩童中，約70%長大成人後亦會是肥胖的體態。所以儘可能要早一步採取預防措施。

臟器　五感　機能　身體動態　疾病　身體網絡

LOCOMO
運動障礙症候群指的是什麼呢？

關於運動障礙症候群

指的是身體的骨頭、關節或肌肉等部位相當衰弱，進而影響到日常生活的狀態。

這樣就懂了！ **3** 個大重點

骨頭、關節、肌肉等部位退化，導致無法站立或行走

骨頭、關節、肌肉等運動器官脆弱，導致不便站立或是行走的狀態，被稱為運動障礙症候群，簡稱 LOCOMO。如持續惡化就有看護照顧的必要或是臥床的可能。

年齡增長及疾病是造成LOCOMO的原因

我們肌肉的力量及平衡感會隨著年齡增長逐漸衰退，運動機能亦隨之減弱。另「骨質疏鬆症」、「退化性關節炎」等疾病很容易可能造成 LOCOMO。因疼痛及腫脹導致無法運動，使得身體的運動機能更趨衰退。

一個不注意就，相當容易跌倒！

運動訓練不管對治療或預防都相當有效！

我們可透過在醫院進行「運動障礙嚴重度測試」確認目前身體的狀態。治療的部分，可以分成針對造成 LOCOMO 成因的疾病治療，以及運動訓練等兩種方式。透過鍛鍊足部及腰部的肌肉，可減輕關節的負擔。單腳站立及深蹲訓練對於預防運動障礙症候群也是相當有效。

了解更多 孩童時期的運動量將會影響到未來的骨量。從孩童時期養成運動習慣非常重要！

感冒是什麼樣的疾病呢？

(關於感冒)

感冒正式名稱為「急性上呼吸道感染」。是許多症狀的統稱，不是一個特定疾病。

這樣就懂了！ 3 個大重點

「感冒」是由多種病毒引起多種症狀的統稱

當細菌或病毒由口鼻進入人體，便會引起打噴嚏、流鼻涕、喉嚨痛、發燒等症狀。綜合這些症狀的疾病我們稱為感冒。感冒時，受感染的細胞會破壞健康的細胞，症狀輕微的話約 3 天～1 週可痊癒。

感冒藥無法治癒感冒？！

感冒時，我們會吃感冒藥，但感冒藥其實只能減緩喉嚨痛、流鼻涕等症狀，要完全治癒依然需靠我們體內細胞的力量才做得到。

為什麼會反覆得到感冒呢？

當病毒進入人體，身體會產生與之抗衡的抗體（第 47 頁），藉此防止再次感染。我們之所以會反覆感冒，是因為感冒病毒有 200 種以上，甚至會產生變異。只要身體判斷這是第一次接觸的病毒，我們就會再次感冒。

了解更多 日文的感冒稱之為「風邪」，因為感冒就像「風」一樣，在空氣中飄散傳播。

感冒時為什麼會咳嗽、打噴嚏呢？

（關於咳嗽及打噴嚏）

**咳嗽、打噴嚏是人體為了
排出進入口鼻的異物的反應機制。**

這樣就懂了！**3**個大重點

並不是只有感冒會引起咳嗽、打噴嚏

為了將跑到鼻子／喉嚨的髒污、細菌和病毒等異物排除，人體產生咳嗽及打噴嚏的反應機制。這種防禦機制可保護身體不受異物入侵。所以並不是感冒才會引起咳嗽喔。

咳嗽是人體保護肺部的機制

由感冒引起的咳嗽，主要是因為鼻涕或是痰流入了氣管或支氣管（第 74 頁）造成的。氣管及支氣管內側有被稱之為纖毛的細毛，當有異物附著時，為了避免異物進入肺部，纖毛會擺動將其排出。

打噴嚏是鼻黏膜產生的反應機制

感冒引起的打噴嚏，是因為鼻腔黏膜沾附了病毒或細菌，想透過打噴嚏的方式排出。當異物刺激黏膜上的神經，會使得呼吸肌肉緊繃。在此情況下，忍不住就會產生打噴嚏的反應。透過打噴嚏機制，一鼓作氣將沾黏於黏膜的病毒排至體外。

了解更多 有「被說閒話使人打噴嚏」這樣的說法，是因為打噴嚏跟遭他人流言蜚語一樣是自己無法控制的。

感冒時為什麼會喉嚨痛呢？

（ 關於喉嚨痛 ）

> 引發感冒的病毒或細菌在喉嚨引起了發炎反應，導致喉嚨疼痛。

這樣就懂了！**3**個大重點

喉嚨痛是身體正在跟病毒及細菌作戰的訊號

感冒會導致喉嚨紅腫疼痛，是因為體內的白血球（第137頁）為了抵禦病毒及細菌所引起的發炎反應。正因喉嚨是人體與外部連接的地方，所以更容易引起發炎反應。

會透過咳嗽及噴嚏傳染

當吸入感染者咳嗽或噴嚏中含有病毒或細菌的飛沫，或是用沾附飛沫的手觸碰嘴巴時，就會感染感冒。冠狀病毒（並非指新冠病毒）、腺病毒等都是透過這種方式傳播。

並不是只有感冒會引起喉嚨痛

並不只有引起感冒的病毒或細菌會造成喉嚨疼痛。當張嘴呼吸造成粘膜乾燥，或是因大聲且持續的說話、吃辣的食物等受到強烈刺激的時候，都可能引起喉嚨疼痛。

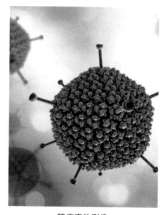

腺病毒的影像

臟器

五感

機能

身體動態

疾病

身體構造

了解更多 關於「懸雍垂」是不是有實際的功能，目前有正反兩面的說法。

感冒時為什麼會流鼻水呢？

(關於感冒流鼻水)

透過鼻涕，可以將由鼻子進入身體的病毒或細菌等髒東西排出。

這樣就懂了！ 3 個大重點

鼻涕是鼻黏膜為了保護身體所生成的黏液

我們的鼻子為了保濕，會持續分泌微量的鼻水。而鼻涕就是身體為了排出從鼻子入侵的細菌或病毒，而產生的大量黏液。除此之外，灰塵或花粉也有可能引起流鼻水的症狀喔。

鼻涕的顏色與身體狀態息息相關

你是否有注意到我們的鼻涕有不同的顏色及狀態呢？過敏性鼻炎造成的鼻涕，是透明無色且不黏稠的。而感冒初期的鼻涕較黏、感冒後期的鼻涕則是黃色的。如果流出來的鼻涕偏綠的話，則可能是鼻竇炎（第 113 頁）造成。

正確的擤鼻涕方式是什麼呢？

用力捏著鼻子想要擤掉鼻涕的話，反而可能使病毒及細菌跑入鼻子深處，或是造成耳朵疼痛的反效果。這裡提供一個小訣竅：嘗試按住一側的鼻孔，用嘴巴呼吸，鼻腔兩邊輪流，慢慢的、少量的擤出鼻水。

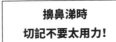

擤鼻涕時
切記不要太用力！

了解更多 在歐美地區的人對擤鼻涕的聲音相當反感要特別注意。

感冒時扁桃腺為什麼會腫脹呢？

(關於扁桃腺腫脹)

> 扁桃腺腫脹是因為造成感冒的病毒或細菌引起的發炎反應。

這樣就懂了！ 3 個大重點

扁桃腺是人體防禦病毒及細菌的重要關卡

扁桃腺（第 32 頁）是位於懸壅垂兩側隆起的部位。扮演著阻擋病原體進入人體的重要角色。也因為如此，病毒及細菌反而容易在上面附著、增生，導致扁桃腺腫脹。

急性扁桃腺炎會導致喉嚨痛且發燒

因感冒造成的扁桃腺腫脹又被稱為急性扁桃腺炎。急性扁桃腺炎會使喉嚨腫脹疼痛，有時候連喝水都會很不舒服。也常合併 38℃ 以上的高燒，但當喉嚨痛的情況緩和時就會退燒了。

> 當症狀嚴重喉嚨會相當疼痛，連喝水都非常不舒服

孩童的扁桃腺較易腫脹

扁桃腺最大的時期是在 7～8 歲的時候。約在 2～3 歲開始，幼兒的扁桃腺就容易因病毒或細菌的附著而感到不適。這是為什麼幼童及小學低年級生在感冒時，特別容易有扁桃腺腫脹的情形。隨著年齡增長，扁桃腺會越來越小，幾乎不會有腫脹的情形發生。

了解更多 當扁桃腺腫脹過於嚴重時，可能會引起化膿。

感冒時 為什麼會發燒呢？

(關於發燒)

發燒是人體為了抑制病毒的活動，進一步幫助免疫細胞運作的機制。

這樣就懂了！**3** 個大重點

體溫上升可強化免疫細胞的作用，增加戰力

大腦會將人體體溫維持在一定的溫度。但當人體被病毒或細菌感染時，因為與病毒戰鬥的免疫細胞在體溫上升時的會有更佳的戰鬥能力，大腦便會發出「體溫上升吧！」的指令。

發燒並不是壞事

人體的平均體溫約在 36℃ 左右。當體溫達 37.5℃ 以上就被稱為發燒。人體的免疫力會隨著體溫上升而強化，據說病毒及細菌在體溫超過 40℃ 時便會被殺死，所以發燒其實並不是一件壞事，或者可說是身體正在戰鬥的證據。因此沒有隨意服用退燒藥的必要。

> 體溫超過37.5℃ 就是「發燒」了！

當戰鬥結束流個汗，體溫就會下降了

當發高燒時會流汗，這其實是人體與細菌或病毒的戰鬥畫下句點的訊號。出汗後，人體會恢復到平均體溫。那時就好好的把汗擦乾吧！

了解更多 體溫計最早是由義大利科學家伽利略 (Galileo Galilei) 發明，並由同樣是義大利人的聖托里奧 (Santorio Santorio) 改良。

感冒時 為什麼會發冷呢？

（ 關於感冒發冷 ）

> 發冷是因為大腦指示體溫上升，
> 人體產生了體溫偏低的錯覺。

這樣就懂了！ 3 個大重點

發冷是大腦指示體溫上升的訊號

當感冒時有時會突然發冷而顫抖。這是因為大腦發出了「為了和病毒、細菌對抗，體溫上升吧！」的指令，而導致身體產生「現在的體溫變低了呢」的錯覺。

發冷的同時身體會顫抖

你是否有在發冷時身體快速顫抖的經驗呢？那是因為人體藉由肌肉的顫動產生熱能，藉此提升體溫的緣故。

發冷的話就快點幫身體保暖吧

發冷是在大腦發出「讓體溫上升吧！」的指令後引起的，所以通常在發冷後，常有高燒隨之而來。相對的在發冷時，如人體體溫尚未達到大腦要求的溫度，便會高燒不退。這時請喝些溫熱的飲品、穿上較厚的衣物，安靜的等待這段時間過去吧。

了解更多 感冒有輕微發燒的症狀也是可以泡澡的。但為了避免體力不支，盡可能不要泡太久。

皮膚的組成是什麼？

（ 關於皮膚的構造 ）

皮膚分成三層，分別是「**表皮**」、「**真皮**」及「**皮下組織**」。

這樣就懂了！ **3** 個大重點

皮膚的重量約占體重的十分之一

我們從頭到腳都包覆著皮膚，如果將其展開，成人男性的皮膚約是 1.6 平方公尺，大概就是一張榻榻米的大小。而皮膚的重量則大約是體重的十分之一。

最外側的表皮是保護身體的屏障

皮膚的厚度約 1～4 公釐，分成「表皮」、「真皮」及「皮下組織」三個部分。最外側的「表皮層」平均約 0.1 公釐左右。雖然很薄但是非常堅韌，扮演著保護皮膚內側的重要角色。

最內側是脂肪形成的緩衝墊

表皮下方是「真皮層」，製造汗水的「汗腺」、產生皮脂的「皮脂腺」及接收疼痛或溫度的感覺接受器等都在這一層。真皮層的下方，則是由脂肪組成的「皮下組織」，扮演著減輕受到外來衝擊傷害的重要角色。

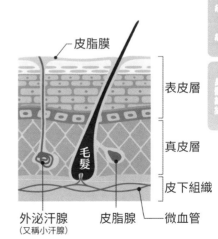

皮脂膜

表皮層

真皮層

皮下組織

毛髮

外泌汗腺
（又稱小汗腺）　皮脂腺　微血管

了解更多 小嬰兒的皮膚因「皮下組織」較厚，「表皮層」及「真皮層」較薄，所以摸起來非常柔軟。

人為什麼會流汗呢？

（ 關於汗腺 ）

出汗是人體避免體溫過高的調節機制。

這樣就懂了！ **3** 個大重點

汗水由皮膚中的「汗腺」製造而成

當炎炎夏日或是奮力奔跑時，我們都會出汗。汗水是由位於皮膚的汗腺製造，並且從皮膚表面細小的孔穴排出。我們全身大概有約 350 萬個汗腺。

維持體溫在36～37℃間

汗水的成分中有 99% 是由水分組成。當汗水排出至皮膚表面，會因外部高溫使其蒸發乾燥，在此同時將身體表面的熱氣帶走，藉以達到降溫的效果。當炎熱時，我們身體就是靠出汗的機制使體溫下降，讓人體保持在 36 ～ 37℃這樣剛剛好的溫度。

汗腺分成兩種

我們不只是在感覺到熱的時候出汗，緊張的時候我們也會出汗。製造汗水的汗腺分成兩種，熱的時候，汗水由「小汗腺」製造；緊張的時候，汗液主要是由「頂漿腺（又稱大汗腺）」製造。

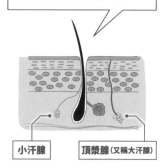

汗腺會製造汗液，並由皮膚表面的細小孔穴排出

小汗腺　　頂漿腺（又稱大汗腺）

了解更多 孩童與成人的汗腺數量幾乎是一樣的。所以體型嬌小的孩童較易出汗。

人體是怎麼感覺「疼痛」和「溫度」呢？

關於皮膚的感覺接受器

皮膚裡有五種感覺接受器。

這樣就懂了！ 3 個大重點

感覺接受器分成「痛覺」「觸覺」「壓覺」「溫覺」「冷覺」五種

我們能感覺到有人從背後輕拍肩膀，這是因我們皮膚上有感覺接受器的緣故。感受到疼痛的「痛覺」、好像被什麼東西觸碰到的「觸覺」、似乎被東西按著的「壓覺」、感到溫暖的「溫覺」以及感知低溫的「冷覺」，以上這五種感覺接受器。

以皮膚的溫度作為判斷冷熱的基準

當接觸的溫度比皮膚溫度高，「溫覺」接受器會產生「溫暖」的感覺。而當接觸的溫度比皮膚溫度低時，「冷覺」接受器則會產生「好冷」的感覺。溫覺的上限約是 40°C，冷覺的下限約是 16°C，只要高於或是低於這兩個溫度就會引發「痛覺」。

人體對於「疼痛」相當敏感

在五種感覺接受器中，就屬痛覺的接受器數量最多。1 平方公分大小的範圍裡，就約有 100 ～ 200 個痛覺接受器。因為疼痛經常伴隨危險一起發生，為保護人體才會有那麼多的痛覺接受器。

了解更多 我們平常不易觸碰到的皮膚區域較易產生「癢」的感覺。

皮膚為什麼會長痣呢？

(關於痣)

痣的生成是因為產生黑色物質的「痣細胞」聚集所致。

這樣就懂了！ 3 個大重點

痣的真面目是「痣細胞」聚集的位置

你有沒有突然在皮膚上發現有痣冒出來了呢？痣是由痣細胞聚集而成。有些是出生時就有了，有些則是約 3 ～ 4 歲左右才長出來的。

痣的黑色是來自於黑色素

人體全身散佈著可製造黑色素，被稱之為「黑色素細胞」的細胞。當黑素細胞發生變化，就會生成痣細胞。痣細胞也會產生黑色素，當越來越多且緊密聚集，就是我們看到的黑痣了。

痣不會消失

痣長出來後一般來說是不會自然消失的。反之，小時候長出來的痣，隨著年紀增長，痣細胞的數量越來越多，會變得更大。

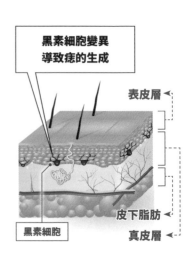

黑素細胞變異導致痣的生成

表皮層

真皮層

皮下脂肪

黑素細胞

了解更多 在日文中，痣又稱「黑子」。

為什麼有些人會有酒窩呢？

(關於酒窩)

> 微笑時，臉頰肌膚受到臉部肌肉拉扯而產生小小的凹陷，就是酒窩。

這樣就懂了！**3** 個大重點

微笑時在臉頰出現的小凹洞就是「酒窩」

有些人在笑的時候，臉頰會出現小小的凹陷，這就是「酒窩」。酒窩會由父母遺傳給孩子，所以當父母有酒窩時，生出來的小孩也可能有酒窩這個特徵。

臉部的肌肉與皮膚相連

當我們笑的時候，被稱為「笑肌」的肌肉收縮，嘴巴兩側（嘴角）會向橫向拉長。因臉部的肌肉直接與皮膚相連，所以當笑肌收縮時，位於笑肌上方的皮膚因受到拉扯，就跑出酒窩了。

與表情有關的肌肉有30種以上！

不只是笑臉，透過眼睛、鼻子、嘴巴等部位肌肉的變化，我們會有生氣、驚訝、悲傷等各式各樣的表情。協助臉部表情變化的肌肉我們稱為「表情肌」，而表情肌有 30 種以上，笑肌是其中一種。

微笑時嘴角會橫向拉長，這時臉頰的皮膚受到拉扯而產生酒窩。

了解更多 臉頰皮膚柔軟的人較易生成酒窩。

關

器

五

感

機

能

身體動態

疾

病

身體結構

皮膚為什麼會出現皮屑呢？

(關於皮屑)

> 皮膚內部生成的細胞經過一段時間後死亡並從皮膚表面脫落，這些掉落的屑屑就是皮屑。

這樣就懂了！3 個大重點

皮屑的真面目其實是死掉的細胞

當我們用毛巾擦拭泡澡後的皮膚，會看到皮膚上有著像是橡皮擦碎屑的東西跑出來，那就是皮屑。皮屑的真面目其實就是在我們皮膚上死亡而掉落的皮膚細胞。

表皮層會再生成新的細胞

我們的皮膚構造分成三層，最外側的「表皮層」又可以再分成四層，最下層的「基底層」會持續增生新的細胞。新的細胞逐漸向上堆疊，當抵達最上層的「角質層」時，便會變成死掉的細胞（角質）。

死掉的細胞守護著我們的皮膚

我們的皮膚表面，大量堆疊著用以保護皮膚的「角質」，這些死掉的細胞在我們皮膚表面有著防禦的重要功能，但會少量慢慢地脫落，也就是我們看到的皮屑。

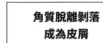

角質脫離剝落成為皮屑

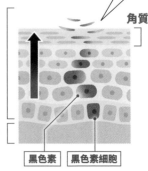

角質

表皮層

真皮層

黑色素　黑色素細胞

了解更多 由基底層製造細胞到掉落變成皮屑，大約需花費28天。

皮膚為什麼會曬黑呢？

（ 關於曬黑 ）

我們會被曬黑，是因皮膚製造出一種叫做黑色素的物質，並在皮膚表面擴散的緣故。

這樣就懂了！ **3** 個大重點

曬黑是為了保護皮膚不受紫外線傷害而產生的機制

在大量陽光照射後，我們的皮膚會變黑，是因為陽光中有著稱為「紫外線」的強光，過度曝曬會對我們的皮膚造成傷害，所以皮膚變黑是人體為了阻擋紫外線進入皮膚深處的防禦機制。

黑色素使肌膚變黑

照射紫外線後，位於表皮層（皮膚的最外側）深處的「黑素細胞」受到刺激，大量分泌被稱之為「黑色素」的黑色物質。這些黑色素散佈在整個皮膚表面，所以我們的皮膚就變黑了。

黑色素可以吸收紫外線

遍佈於我們皮膚表面的黑色素可以吸收紫外線，阻擋紫外線進入表皮深層或是真皮層，藉此防止皮膚內側受到傷害。

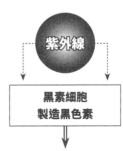

紫外線

↓　↓

黑素細胞製造黑色素

↓

黑色素散布於整個皮膚表面

皮膚變黑了

了解更多 皮膚會因日曬而脫皮，是因為表面過於乾燥，而整片剝落的緣故。

臓器

五感

機能

身體動態

疾病

身體網絡

肺在人體負責什麼樣的工作呢?

(關於肺的作用)

肺是氣體交換的場所,負責從吸入的空氣中獲取氧氣,並將不需要的氣體排出。

這樣就懂了! 3 個大重點

肺分成左右兩邊,大小有些微不同

肺是在肋骨內側最大的臓器。右肺分成「上葉」、「中葉」、「下葉」三部分;左肺則由「上葉」及「下葉」兩部分構成。左肺因部分空間被心臟佔走了所以比右肺小了一些。

肺的末端是肺泡

從支氣管進入肺的內部後,會漸漸延伸出細小的分支,這些分支的末端就是像小袋子般的肺泡。肺泡被網狀的細小血管環繞,藉以達成交換氣體的任務。

肺裡會一直有空氣避免突發狀況!

不管我們如何吐氣,肺裡的空氣都不會被排光。因此,就算突然發生呼吸停止的情形,也不至於立刻死亡。正因如此,我們的肺平常就會預留吸入空氣數倍的含量,以備不時之需。

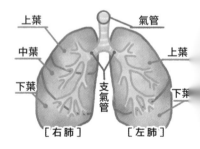

上葉　氣管
中葉　上葉
下葉　支氣管　下葉
[右肺]　[左肺]

了解更多 如果將肺泡完全展開,大小約是1/4個網球場這麼大喔。

呼吸的功用是什麼呢？

（ 關於呼吸 ）

呼吸可將氧氣帶入細胞內，並與二氧化碳進行交換。

這樣就懂了！ 3 個大重點

再努力憋氣也無法自行停止呼吸

利用深呼吸調整呼吸節奏、在水裡憋氣等，在不危及生命的狀況下，我們有不少可以自行控制呼吸的情形。不過人體呼吸受到大腦指令的控制，是無法自行中止呼吸而死亡的。

呼吸可分為兩種

呼吸可分為「外呼吸」及「內呼吸」兩種。在肺裡將吸入的氧氣與血管中的二氧化碳進行交換，稱之為外呼吸；將含氧的血液與細胞中不需要的二氧化碳進行交換，則稱為內呼吸。

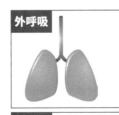

外呼吸

於肺部將氧氣帶入人體並排除二氧化碳

腹式呼吸與胸式呼吸

因為肺本身無法進行吸氣的動作，必須靠它下方稱作橫隔膜的肌肉來帶動肺部的運動。當胸腔空間變大引起的呼吸，稱為胸式呼吸，如是透過橫隔膜的動作引起的呼吸，稱之為腹式呼吸。當橫隔膜因為某些原因痙攣時，我們就會打嗝。

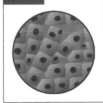

內呼吸

於組織間將氧氣與能量代謝產生的二氧化碳進行交換

了解更多 空氣透過口鼻進出肺部稱為換氣。

氣管及支氣管是什麼呢？

關於氣管及支氣管

「氣管」是喉嚨延伸到肺部，負責運輸空氣的通道；
「支氣管」則是到肺部後產生的分支。

這樣就懂了！ **3** 個大重點

呼吸的唯一通道

空氣透過口鼻進入人體，經過氣管抵達肺部。從喉嚨的深處開始到肺部的入口間有一條筆直的通道，這就是氣管。這條通道進入肺部後會分為左右兩條路徑，從這裡開始就是支氣管了。

軟骨保護著我們的喉嚨！

輕觸喉嚨外部，可以感覺好像摸到一個又粗又硬的管子。這就是保護著氣管的軟骨。不管是氣管或是支氣管外部都相當堅韌，內部則是柔軟且有持續有黏液流動的狀態。

支氣管的末端是氣體交換的場所

當氣管進入肺部會分成兩個通道，這裡就是支氣管的開端。支氣管進入肺部後又分叉了約十次，在最末端的地方接著一個被稱為肺泡的小袋子。這些肺泡表面上的微血管，就是氧氣與氣體進行交換的場所。

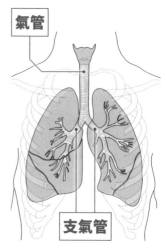

氣管

支氣管

了解更多 我們咳嗽的風速大概是60～70公里，彷彿就像颱風一樣強勁呢！

氣管及支氣管有什麼作用呢？

關於氣管及支氣管的作用

氣管及支氣管的功用，是確保空氣能安全出入人體的通道，並且能把灰塵或細菌趕到體外。

這樣就懂了！ **3** 個大重點

為了保護精密的肺臟，我們需要確保吸入的空氣很乾淨

在寒冷的天氣對著玻璃呼氣，玻璃上會出現白色的霧氣，這是因為我們吐出來的氣體含有水分的緣故。所以在空氣抵達肺部前濕潤空氣、清除雜質，這也是氣管及支氣管的工作喔。

透過粘膜，小小的灰塵也不放過

在氣管及支氣管的內側，附著著透明帶黏性的液體。這種液體會黏著細小的雜質、細菌、病毒等物質，藉此保護肺部不受侵害。

將不需要的東西排出體外

氣管及支氣管的內側有細小的毛狀構造，可以將沾黏到的雜質以痰的型態送至體外。痰的顏色也可用以判斷是什麼樣的疾病喔。

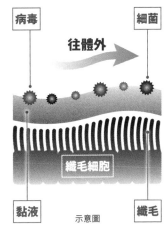

病毒　細菌
往體外
纖毛細胞
黏液　纖毛
示意圖

了解更多 演奏管樂器時，為了不使音樂中斷，會使用一種技巧邊呼吸邊吐氣，稱為「循環呼吸」。

氣喘是什麼樣的疾病呢？

（ 關於氣喘 ）

氣喘指的是支氣管突然變窄，導致反覆發生呼吸困難的狀況。

這樣就懂了！ **3** 個大重點

發作時，空氣經過的通道會反覆發生窄縮的情形

當支撐支氣管的肌肉突然收縮，就會導致支氣管內側腫脹且生成大量黏液，使得讓空氣經過的通道變得非常狹窄。當這種狀況持續反覆的發生就是「氣喘」。

導致支氣管變窄的原因

患有氣喘的人，支氣管長期處於發炎的狀態。因此只要受到些許的刺激，便會發生支氣管的管壁腫脹、黏液過度生成及咳嗽不止的狀況。

誘發氣喘的原因有很多

因為家中塵蟎、動物毛髮等原因引發過敏反應，並導致氣喘發作的情況相當常見。此外，吸入冷空氣或是煙霧也可能誘發氣喘發作。再來遺傳、體質等也左右著是否會有氣喘的發生。

咻一咻一

咳嗽

了解更多 當氣喘相當不舒服的時候，比起平躺，將上半身挺起，反而會使呼吸更為順暢。

肺炎是什麼呢？

(關於肺炎)

因各種原因導致肺部引起發炎的狀態就是肺炎。

這樣就懂了！ **3** 個大重點

肺炎指的是什麼呢？

肺炎有許多不同的類型，一般來說是指「肺泡發炎」。而當細菌進入肺泡引起發炎，肺泡便無法好好進行氣體交換並運送氧氣。肺炎也是長者常見的死因之一。

肺炎可分為兩大類

肺炎可分為社區型肺炎及院內型感染型肺炎兩種。社區型肺炎指的是在日常生活中感染而發病的肺炎。院內型肺炎指的是在住院48小時後。在免疫力低落或是長期使用呼吸器時容易發生。

肺炎的致病菌是細菌或病毒

肺炎的原因有很多，其中最著名的是受到肺炎鏈球菌感染而引發的肺炎。因為器官及支氣管相當溫暖故更易使得細菌增生。特別是得到感冒或是流行性感冒時要更加注意。

了解更多 日本於2014年起，針對長者提供免費肺炎鏈球菌疫苗接種。

結核病是什麼樣的疾病呢？

（ 關於結核病 ）

結核病指的是結核菌在體內增生，嚴重的話可能導致肺穿孔的疾病在肺部形成空洞。

這樣就懂了！ 3 個大重點

結核菌感染嚴重的話，可能會在肺部形成空洞

我們日常呼吸就可能吸入結核菌，但基本上不會生病。然而，當身體虛弱時，結核菌就可能在體內增生形成結核結節。當形成結核結節後，跟肺炎一樣會有發燒及咳嗽的症狀，嚴重的話，結核菌會侵犯肺泡，在肺部造成空洞。

卡介苗是能預防結核病的疫苗

結核菌是透過空氣傳染。帶有結核菌的人咳嗽時，結核菌便會透過空氣傳播。為了預防結核病，保持空氣流通和良好的咳嗽禮儀都十分重要。另外，孩童時期注射卡介苗也是有效的預防方法。在日本建議出生 4 ～ 6 個月的嬰兒接受 1 劑的預防接種。

結核病到現在依然存在

目前結核病已有有效的治療藥物，跟以前相比已不是那麼令人聞之喪膽的疾病。比起以前死亡率已大幅降低，但在日本每年仍有約 2 萬人得到此疾病。

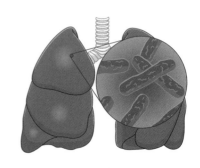

了解更多 結核菌不只是在肺部，亦可能再淋巴結、腸道、腦膜、皮膚等地方引發疾病。

便便為什麼是咖啡色的呢？

（ 關於糞便 ）

**糞便混有膽囊儲存的膽汁，
所以會呈現咖啡色。**

這樣就懂了！3 個大重點

糞便為什麼會是咖啡色的呢？

我們沒有吃咖啡色的食物，為什麼糞便的顏色會是咖啡色的呢？很神奇吧！這是因為糞便混有儲存在膽囊中的膽汁的關係喔。膽囊負責儲存由肝臟製造的膽汁，膽汁中豐富的膽紅素會使得糞便變成咖啡色。

糞便不只有咖啡色

還在喝奶的小嬰兒因為肝臟的作用尚未發育完全，糞便就不會是咖啡色，而會帶點像牛奶般的白色。即使不是小嬰兒，食物顏色也可能影響到糞便的顏色喔。

糞便的顏色是健康的參考指標

大多時候糞便是咖啡色的，但如果不是咖啡色，而是黑色或紅色的時候就要特別的注意，非常有可能是內臟出血造成的。糞便的顏色與健康息息相關，發現異狀時請趕快就醫。

**糞便受到膽汁中
膽紅素的影響，
所以呈現咖啡色！**

了解更多 當製造膽汁的肝臟機能不佳時，糞便的顏色就可能偏白。

為什麼會放屁呢？

(關於屁)

屁可能是在吃東西時一起吞入的空氣，也有可能是腸內細菌製造的氣體。

這樣就懂了！ **3** 個大重點

屁的組成大部分是空氣

屁的成分大多是空氣，其中約 60～70% 是氮氣、約 10～20% 是氫氣、約 10% 是二氧化碳。雖然也包含其他成分，但主要是上面提到的三種。如果只由空氣組成的屁其實是不會臭的喔。

讓屁產生臭味的罪魁禍首是……

讓屁產生臭味的犯人就是腸內細菌。我們吃進肚子裡的食物，在腸道內被腸內細菌分解，再由小腸吸收營養。在分解食物時產生的氣體就是臭味的根源。特別是當食用肉、火腿、起士等由動物製成的食品時，特別容易放臭屁喔。

不臭的屁會常常大量排出

當我們食用高麗菜或是大蒜等蔬菜後，放出來的屁其實不大臭。但是對身體來說，為了消化蔬菜，腸內細菌需要更勤奮的工作，所以就會放出更多的屁。

噗

了解更多 大腸內部一直都存有約200ml的氣體。

腦器

五感

機能

身體動態

疾病

身體網絡

為什麼會便秘呢？

(關於便秘)

便秘是因為糞便過硬或是因為腸道過窄所引起的。

這樣就懂了！ 3 個大重點

便秘的主因究竟是什麼呢？

腸道壞菌是導致糞便偏硬、腸道變窄的元兇。當我們大量食用像是肉、蛋、起士等動物性食品時，腸道內的壞菌便會增加，使我們更容易便秘及放出臭屁。

女生比男生更容易有便秘的狀況

減肥、不正常飲食、不規律的生活及壓力的累積，都容易造成便秘。據說因女性賀爾蒙的影響，女生比男生更容易有便秘的問題。

長期便秘可能跟其他疾病有關

如果持續有便秘的狀況，很可能與大腸癌或是發炎性腸道疾病有關。大腸癌在日本癌症人數中是排名第三的疾病。另外發炎性腸道疾病會有出血、拉肚子、發燒等症狀。

腦器

五感

機能

身體動態

疾病

身體網絡

了解更多 食用富含食物纖維的食品會使腸道壞菌減少，降低便秘發生的機會。

為什麼會拉肚子呢？

（ 關於腹瀉 ）

吃過多生冷食物，其中的細菌、病毒、寄生蟲等都可能造成拉肚子。

這樣就懂了！ 3 個大重點

當腸道中水分過多就會拉肚子

當大量攝取冰淇淋或是果汁等富含水分的食物時，大家是否有突然肚子痛，然後拉肚子的經驗呢？這是因為我們的腸道攝取了比平時更多的水分，使得糞便含水量變多，然後就以拉肚子的方式被排出來了。

腸內滅火行動的結果

當霍亂弧菌、O157 型大腸桿菌（第 340 頁）等細菌產生的毒素進入腸道，人體就會釋放血清素與其對抗。但在此同時，周圍的細胞會產生大量的水分，使腸道發生像是淹水的情形。

腸道中水分過多就會拉肚子

會導致拉肚子的疾病有什麼呢？

說到引起拉肚子的代表性疾病，那就是病毒型腸胃炎及細菌性腸胃炎了。「病毒型腸胃炎」是由像是諾羅病毒等病毒引起的腸胃炎。「細菌型腸胃炎」則是因食物中毒引起的狀況較多，夏天時需特別注意。

了解更多 日常生活中充斥著各種細菌、病毒及寄生蟲，所們我們都要確實洗手、漱口才安全喔！

為什麼有 肛門疾病呢？

(關於肛門疾病)

屁股受到過度的壓力，導致肛門有紅腫或是撕裂等情形。

這樣就懂了！ **3** 個大重點

肛門疾病對站立行走的我們而言，是勢必會得到的疾病

由於人類靠雙腳行走，因此血液容易堆積在比心臟還低的臀部，相較其他生物更容易得到肛門疾病。當排便過度用力或是肚子痛的時候，都可能造成屁股的負擔，進一步引起肛門疾病。

肛門疾病大致分為三種

肛門疾病可分成肛門紅腫的「痔瘡」、因便秘或拉肚子引起的「肛裂」、因肛門四周受細菌感染的「肛門瘻管」三大類。「肛門瘻管」好發於男性，「肛裂」則較易發生在女性身上。

病情惡化時，可能會需要手術處理

大多狀況下肛門疾病都可以靠藥物治癒，如症狀惡化則需靠手術治療。如果肛門有不適的症狀，建議及早就醫會比較好喔。

〈痔瘡〉

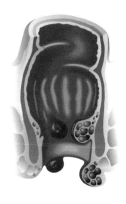

了解更多 據說日本人每三個人就有一個人有肛門疾病相關的問題。

糞便檢查可以看出什麼呢？

(關於糞便檢查)

糞便檢查可驗出是否有寄生蟲、細菌，以及是否有其他疾病。

這樣就懂了！ 3 個大重點

可透過糞便得知是否生病

糞便檢查可分為「糞便潛血檢查」及「腸內細菌檢查」兩種。當糞便經過腸道時，會摩擦腸道組織並可能沾附上血液，調查這些沾附在糞便上的物質就是糞便潛血檢查。透過「糞便潛血檢查」，我們可以知道糞便中是否有混入血液，並判斷是否有得到大腸癌等疾病。

可透過糞便調查食物中毒的原因

食物中毒會導致嚴重嘔吐、腹瀉、腹痛等症狀，對體弱的年長者來說更可能導致死亡。我們可透過「腸內細菌檢查」調查糞便中是否含有 O157 型大腸桿菌（第 340 頁）、痢疾、沙門氏桿菌等會引起食物中毒的細菌。

什麼職業的人一定要接受糞便檢查呢？

負責學校或公司餐飲會大量製作餐點的料理人員、幼稚園的幼保人員、照護機關的工作人員、從事下水道工程負責與飲用水相關作業的作業人員等，為了避免引起食物中毒都須定期接受糞便檢查。

了解更多 有些醫療機構的糞便檢查即便不前往醫院，也可透過郵寄的方式寄送檢體進行檢驗。

寄生蟲是什麼呢？

（ 關於寄生蟲 ）

寄生蟲是可以寄居在人體或動物身體裡，非常、非常小的生物喔。

這樣就懂了！ **3** 個大重點

寄生蟲無法獨自存活

寄生蟲可能附著於人或動物的身上，也可能透過飲食由口進入人或動物的體內。受到寄生的人或動物被稱為「宿主」，寄生蟲沒有宿主就無法存活。

有什麼樣的寄生蟲呢？

廣節裂頭條蟲是條蟲的一種，主要症狀是會拉肚子。然而，寄生蟲並不只會引起腹瀉，有的線蟲甚至會導致便秘。海獸胃線蟲則是線蟲的一種，原本不會寄生於人類體內，但因會寄生於魚貝類上，故可能因食用而引發食物中毒的症狀。

寄生蟲是如何進入人體的呢？

寄生蟲依種類不同，進入人體的方式也不大一樣，最常見的是由嘴巴進入人體。生的魚或肉、蔬菜等常有寄生蟲附著需要特別的小心。另外，狗和貓咪等寵物、蚊子及蒼蠅等害蟲亦可能有寄生蟲附著，也必須注意。

了解更多 日本東京目黑區擁有全世界唯一的寄生蟲博物館。

臟器 五感 **機能** 身體動態 疾病 身體網絡

身體動態　「腳」之週
一 二 三 四 五 六 日

我們為什麼會有足弓呢？

（ 關於足弓 ）

足弓的作用是支撐身體的重量，並減緩來自地面的衝擊。

這樣就懂了！ 3 個大重點

腳底拱型的位置就是足弓

赤腳走路時，你會發現在腳底正中間的部位並不會接觸到地面，這個位於腳底凹陷的位置就稱為足弓。我們的腳底因為有大拇指、小指及腳踝的支點，所以才會呈現內凹的拱型，並藉此支撐人體的重量。

足弓有保護腳免於衝擊傷害的緩衝效果

足弓可以說是減輕地面衝擊的緩衝墊。沒有足弓的「扁平足」，足底整體會受到衝擊，因此比較容易感到疼痛或是疲倦。

嬰兒是沒有足弓的

剛出生的嬰兒是沒有足弓的，透過站立、步行，足弓才會漸漸出現。即便是大人，如果平時都只坐車或搭電梯而不走路，足弓也可能會逐漸消失喔。

由A、B、C三個支點形成的拱形可以支撐我們身體的重量

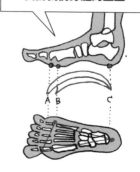

了解更多 動物沒有足弓，狗或貓咪是靠腳底的肉球減緩衝擊。

肌肉痙攣 是什麼呢？

（ 關於腳抽筋 ）

肌肉痙攣多半是指在小腿肚肌肉發生的痙攣現象，會引起劇烈疼痛。

這樣就懂了！ **3** 個大重點

睡覺時腳部突然緊繃疼痛！

你是否有在激烈的運動過程中，腳突然極度緊繃疼痛不已的經驗呢？這時肌肉處於收縮的狀態，也就是所謂的肌肉痙攣，俗稱腳抽筋。肌肉痙攣除了好發於小腿外，亦可能發生在腳底、膝蓋、大腿等部位。在睡覺時也比較容易發生肌肉痙攣的狀況。

缺乏「鎂」會導致腳抽筋

引起腳抽筋的原因很多，而缺乏「鎂」這個礦物質是可能的成因之一。在肌肉與骨骼間，有負責肌肉舒張收縮的感應器，當缺乏鎂的時候會使其無法順利運作。另外，像是糖尿病等疾病也可能引起腳抽筋。

腳抽筋 經常會在我們 睡覺的時候發作

要如何預防腳抽筋呢？

為了預防抽筋，平常要攝取富含鎂的食物，運動前補充水分並注意伸展及暖身。如果不慎有腳抽筋的情形，可以透過喝水及按摩舒緩不適。

腦　器

五　感

機　能

身體動態

疾　病

身體網絡

了解更多 在有代謝症候群、中暑及懷孕的狀況下，常同時有腳抽筋的情形發生。

為什麼會發生捲甲的情形呢？

(關於捲甲)

捲甲可能是錯誤的剪指甲方式或是穿著不合適的鞋子造成的。

這樣就懂了！ 3 個大重點

指甲剪得過短，導致指甲無法往前生長

當指甲剪得太短，手指用力時，指尖前端的指肉會因壓迫而高起。在這樣的狀態下，指甲無法往前生長只好向兩側發展。而捲甲較常發生在腳部。

鞋子及拇指外翻也可能導致捲甲

當穿不合腳的鞋子或是有拇趾外翻（第 90 頁）等狀況時，大腳趾會受到來自第二趾的壓迫，受到過度壓迫的指甲會無法向前生長，造成捲甲的發生。

因指甲兩側捲起插入指肉，所以可能會感到疼痛。

捲甲也與姿勢息息相關

當有捲甲時，不只是相當疼痛，也可能使站立及走路的姿勢變差。進一步導致腰痛或是造成跌倒等危險狀況發生。皮膚科可以協助處理指甲形狀等問題，如果捲甲的情形過於嚴重，切記要去看醫生喔。

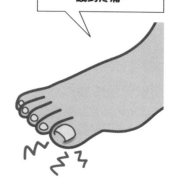

了解更多 指甲的長度建議對齊指尖或是比指尖長1公釐左右，形狀以方形為主，邊角部分再稍做修整即可。

O型腿、X型腿指的是什麼呢？

（ 關於O型腿及X型腿 ）

當兩腳併攏，膝蓋無法靠近就是「O型腿」、腳踝無法靠近的話則是「X型腿」。

這樣就懂了！ 3 個大重點

觀察看看兩腳併攏時的站姿吧

當兩腳併攏站立、腳跟貼合時，兩腳膝蓋間距離超過 3 根手指頭的話，我們稱做 O 型腿。相反的，如果當膝蓋貼合時，兩腳腳踝距離超過 3 根手指頭的話，我們稱做 X 型腿。

隨年齡增長多會逐漸改善

其實，在學步期～ 2、3 歲的小孩中，O 型腿是很常見的。隨年紀增加會一度變成 X 型腿，大部分到小學時期就會變回正常狀態。

因疾病造成的O型腿或X型腿則需治療

如果小學後依然有 O 型腿或 X 型腿的情形，可能是因腳部相關問題引起。如果彎曲的情形過於嚴重，建議到骨科接受診治。因會造成骨頭變形的「軟骨症」及骨骼異常等狀況，都可能導致 O 型腿或 X 型腿。這種狀況下，就需要從導致疾病的源頭開始治療。

O型腿　　**正常**

X型腿

了解更多 O型腿及X型腿不只是外觀的問題，同時也與血液循環及骨骼的歪斜息息相關。

拇趾外翻是什麼呢？

（ 關於拇趾外翻 ）

當大腳趾根部關節呈現「ㄑ字型」，並向外側突出，就是所謂的拇趾外翻。

這樣就懂了！ 3 個大重點

拇趾外翻非常疼痛

拇趾外翻時，在大腳趾「ㄑ字型」的根部突起處，會因與鞋子摩擦引起發炎症狀，導致強烈的疼痛與不適，也可能導致無法正常踩踏行進。

穿著高跟鞋易壓迫腳掌，要特別注意

造成拇趾外翻的原因有很多，像是扁平足（第86頁）或是大腳趾較長的人便容易有拇趾外翻的情形產生。另外，像是高跟鞋或是窄版設計的鞋子易壓迫腳掌，導致拇趾外翻，而這個狀況較常發生在女性身上。

選擇合腳的鞋款非常重要

預防拇趾外翻，選鞋就是一門非常重要的學問了。選鞋的時候，記得要選擇穿進去時腳指頭還可以活動的款式。另外也可以使用輔具或是鞋墊進行治療。

「ㄑ字型」突起的位置，因與鞋子摩擦會感覺到劇烈疼痛

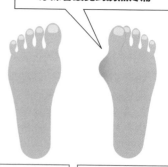

正常的腳　拇趾外翻的腳

了解更多 據說地下足袋（日式分趾鞋）是預防拇趾外翻的理想選擇。

為什麼會長雞眼呢？

（ 關於雞眼 ）

足部受到壓迫或是摩擦，使得腳底部分肌膚變硬，形成雞眼。

這樣就懂了！ 3 個大重點

「雞眼」是為了保護皮膚形成的硬皮

皮膚分成「表皮」、「真皮」及「皮下組織」，表皮的最外側則是「角質層」。當皮膚受到強烈的壓迫或是長時間的摩擦，為了避免再次受到刺激及防止細菌的傷害，角質層會自然增厚。

穿著不合腳的鞋子、不正確的走路姿勢，都會導致雞眼

當穿著不合適的鞋子或是用不正確的姿勢走路，會使腳受到壓迫或摩擦，就容易長出雞眼。雞眼不只好發於腳底，也可能長在腳指間。

雞眼中間的小白點會引起疼痛

雞眼中間有一個偏硬的小白點，因小白點延伸到有神經知覺的真皮層，所以在走路受到刺激時就會非常疼痛。這個中間的部分因為圓圓的很像雞的眼睛，所以我們稱其為「雞眼」。

**穿不合腳的鞋子
容易長雞眼**

了解更多 另一種類似雞眼會使皮膚增厚的肌膚問題是「胼胝」，兩者的差別在於胼胝中間「沒有小白點」。

阿基里斯腱名字的由來是什麼呢？

（ 關於阿基里斯腱 ）

阿基里斯是希臘神話中擁有不死之身的英雄！

這樣就懂了！ **3** 個大重點

阿基里斯腱是人體最大的肌腱

阿基里斯腱是人體中最大的肌腱，指的是由後腳跟經腳踝向上延伸的部分。我們的腳跟能向上彎曲、腳趾能向下踩踏，這些相當重要的動作都是由阿基里斯腱負責的喔。

「阿基里斯的腳跟」這個說法源於何處

希臘神話中的英雄阿基里斯在出生時，他的母親便將他浸泡在冥界（如地獄般的地方）的河流中藉此換得不死之身。但當時因為被抓住的腳跟並沒有泡到河水，所以阿基里斯的腳跟也成了他唯一的弱點。最後他便是因這個肌腱受到攻擊而死去。據說阿基里斯腱的命名便是源自於這個希臘神話故事喔。

阿基里斯腱也有「唯一的弱點」這層意涵

阿基里斯腱不僅只是身體部位的名稱，也帶有「再強的人也都一定會有致命弱點」這層意涵。

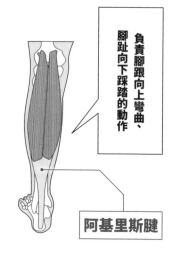

負責腳跟向上彎曲、腳趾向下踩踏的動作

阿基里斯腱

了解更多 因阿基里斯腱相當粗，斷裂時會發出「啪擦！」的聲音，同時會感受到強烈的衝擊。

腦器　五感　機能　身體動態　疾病　身體網絡

癌症是什麼樣的疾病呢？

(關於癌症)

癌症是由於基因變異等原因，造成不良細胞不斷增加的疾病。

這樣就懂了！ 3 個大重點

受損的細胞不受控制的增加，在體內到處亂跑

有缺陷的細胞聚集在一起形成腫瘤，而惡性的腫瘤便稱為癌症。一般來說，我們的細胞會維持一定的數量，但癌症細胞卻會不受控制的複製增加、往周圍擴散，甚至轉移到願處其他部位，形成新的腫瘤。

癌症細胞不會死亡

一般的細胞分裂產生新細胞後，舊的細胞便會死亡。然而，一旦細胞的基因受損，即便完成細胞分裂，老舊細胞仍不會死去，這就是癌症細胞的特性。癌細胞除了不斷增生，還會破壞周圍的細胞、擴散，甚至轉移到遠處其他部位。

如果失去了抑制癌症的能力……

人體與生俱來就有「致癌基因」（Oncogene）以及「腫瘤抑制基因」（Tumor suppressor gene）的存在。然而，隨著年紀增加、致癌物質的累積、病毒感染或壓力等影響，「腫瘤抑制基因」就可能無法好好運作，進而產生癌症。

〈癌症的形成〉

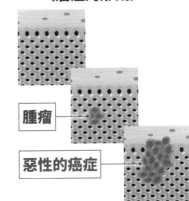

腫瘤

惡性的癌症

了解更多 依照日本國立癌症中心推測，現代日本人大概每2人中就有1人未來會罹患癌症。

白血病是什麼樣的疾病呢？

（ 關於白血病 ）

血液中異常的癌細胞增生，被稱為白血病（俗稱血癌）。

這樣就懂了！ 3 個大重點

血液中出現不斷增加的癌細胞

我們的血液中存在著紅血球、白血球、血小板三種血球（第 135 頁）。若製造血球的基因發生異常，細胞便會開始癌化。血液或骨髓中癌細胞增加的狀況，就叫做白血病。確切致病的原因現在仍未知。

依病情進展速度分為急性和慢性

血液中的癌細胞突然增加的話，屬於急性白血病；反之增加緩慢時，稱為慢性白血病。此外，依據細胞的來源和形態特徵，可分為骨髓性白血病和淋巴性白病。急性白血病雖然可能會致命，但並非無法治療的不治之症。

可能有疲累或流鼻血等症狀

白血病會使正常血球數減少，可能出哮喘、容易疲勞、流鼻血、貧血、身體浮腫等症狀。但是慢性白血病的症狀，有時連病人本身都很難察覺。

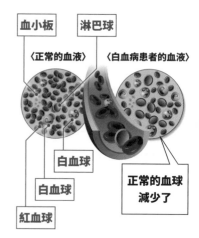

血小板　淋巴球

〈正常的血液〉　〈白血病患者的血液〉

白血球

白血球

紅血球

正常的血球減少了

了解更多　一般印象中白血病患者以年輕人居多，但其實白血病患者一半以上都超過60歲了。

我們可以做什麼來提早發現癌症？

（ 關於癌症篩檢 ）

定期到醫院接受癌症篩檢，
有利於早期診斷癌症。

這樣就懂了！ **3** 個大重點

癌症的症狀有時很難自我察覺

癌症進展的速度緩慢，常常自己也不易發現症狀。在病痛出現時，有可能已經太遲了⋯⋯。癌症依照進行和擴散的程度分成一～四期，一期和四期的三年後存活率可以差到好幾倍，因此，為了要早期發現癌症，癌症篩檢相當重要。

政府正在推廣癌症篩檢

總之，政府也正在大力推廣癌症篩檢的重要性。由於高齡者的癌症風險提升，目前日本政府補助 20 歲以上子宮頸癌篩檢，40 歲以上肺癌、大腸直腸癌、乳癌的篩檢，以及 50 歲以上的胃癌篩檢。此外，也可以自費進行各種癌症相關的進階健康檢查。

癌症的檢驗技術日新月異

癌症的篩檢，依照胃、大腸等部位，各有不同的檢查方法。關於篩檢技術的研究也持續進展。現在甚至正在開發只需一滴血便能檢驗 13 種癌症的方法。

〈癌症的進展〉

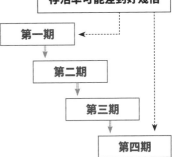

第一期和第四期的三年後存活率可能差到好幾倍

第一期

第二期

第三期

第四期

了解更多 目前有研究利用狗可分辨氣味的特性，來進行癌症檢測的「癌症檢測犬」的研究。

內視鏡是什麼呢？

(關於內視鏡)

內視鏡是可以放入體內的小型攝影機，對於癌症的早期發現和治療很有幫助。

這樣就懂了！ 3 個大重點

內視鏡是可從喉嚨或肛門，進入人體的極小型攝影機

內視鏡是在管子前端裝上小型攝影機（直徑約 1 公分）的醫療器材。它可以從嘴巴、鼻子、肛門等部位進入，即使不用手術也可以看到身體內部，甚至進行治療。內視鏡檢查對身體造成的負擔比手術還小，檢查後的恢復也較快。

內視鏡檢查有助於早期發現癌症

在懷疑有癌症時，將內視鏡放入該部位進行確認，便稱為內視鏡檢查。醫生會邊看監視器，邊從可疑的部位夾取檢體，並用顯微鏡看看是否有癌細胞存在。透過內視鏡檢查，即便很小的癌症都可能早期被發現。

也可利用內視鏡進行癌症的切除手術

內視鏡並不只用於檢查，也可用來切除較小的癌症，稱為內視鏡手術。操作上會由攝影機的前端伸出金屬線圈或刀片進行切除。

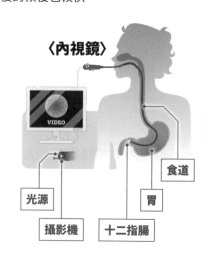

〈內視鏡〉

VIDEO

光源

攝影機

十二指腸

胃

食道

了解更多 世界上第一個內視鏡是1952年由日本企業Olympus開發出的胃部攝影機。

PET
正子斷層掃描檢查指的是什麼呢？

(關於PET)

PET是種利用放射線一次偵測全身癌細胞的檢查。

這樣就懂了！ **3** 個大重點

利用癌細胞「喜愛攝取葡萄糖」的特性，來進行癌症診斷

癌細胞消耗的葡萄糖是正常細胞的 3 ～ 8 倍，正子斷層掃描（PET）檢查便是利用這個特性來進行癌細胞的偵測。檢查前，將氟化去氧葡萄糖（FDG）這個物質注射入體內，掃描後就可以發現癌細胞。只要一次就可以進行全身性的檢查。

PET與電腦斷層（CT）和磁振造影（MRI）不相同

CT 和 MRI 是利用放射線、磁場變化等原理，結合電腦影像，進行身體部分區域的攝影。當 CT 或 MRI 不容易判斷時，便可使用 PET 來檢查。PET 不只可看內臟器官，對於偵測淋巴轉移也很敏銳。

優點是可全身性的評估轉移和治療效果

雖然 PET 檢查有許多優點，但也並非是完美的癌症檢查。若病人血糖值（第 381 頁）過高，或是當癌症在身體某些特定部位時，並不適合選擇 PET 進行檢查。

〈PET檢查是什麼?〉

> 將氟化葡萄糖注射入體內，發現癌細胞

⇩

> 可一次進行全身的檢查

⇩

> 身體有些部位不易進行判斷，所以並非完美的檢查。

了解更多 PET檢查一開始是開發來研究阿茲海默症等疾病的腦部功能。

放射線治療會做什麼呢？

(關於放射治療)

放射治療是使用放射線來殺死癌細胞或減緩癌症疼痛的治療方式。

這樣就懂了！ 3 個大重點

用放射線局部照射，就能殺死癌細胞

癌症的治療主要有「手術切除」、「放射治療」、「藥物」這三種。像癌細胞這種會快速分裂增生的細胞，容易受到放射線的傷害，放射治療便是利用此特性而衍生出來的治療方法。治療時將放射線集中照射患部以殺死癌細胞。

不需要切除器官

當只有局部出現癌細胞，便適合使用放射治療治療。因為不需要手術，也比較不會造成內臟器官的傷害。因此，治療前後的生活幾乎沒有太大的改變。

> 將放射線集中照射治療部位來殺死癌細胞

治療過程只要幾分鐘且不會痛

放射治療用的放射線有光子、電子和質子等各種射束。照射一次只要幾分鐘，不會痛、也不需要住院治療。但是放射線對身體來說畢竟不是好東西，可能會造成疲倦、食慾不振、白血球下降，進而使身體容易生病等等的副作用。

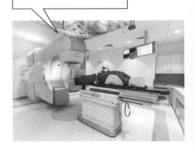

了解更多 電腦工業的快速發展對放射治療的進步有很大的貢獻。

化學治療是什麼呢？

(關於抗癌劑)

使用藥物將癌細胞殺死、減緩癌症進行或降低疼痛的治療方法。

這樣就懂了！ **3** 個大重點

使用抗癌藥物到體內治療癌症，就是所謂的化學治療

利用藥物治療癌症，稱為化學治療。藥物可以用口服、肌肉注射、點滴等形式進入人體。比起手術和放射治療，化學治療可以治療的範圍較廣；當癌症分布的區域較大，或是想要預防癌症轉移時，可選擇使用化學治療。

化學治療有各種使用方法

化學治療常和手術或放射治療一同併行。當癌症本身太大，擔心影響周圍內臟或神經時，可在手術前使用化學治療將癌症範圍縮小。若當手術無法將癌症完全清除乾淨時，會在術後配合使用化學治療。

雖然治療範圍大，但也是有副作用

由於化學治療的藥物也會傷害正常細胞，因此可能會有毛髮脫落、身體發麻、噁心嘔吐等副作用。不過，近年來也有更多研究，陸續開發更多副作用較小的抗癌藥物了。

可能的副作用
有毛髮脫落、身體發麻
等等

了解更多 對應可能會掉髮這個副作用，市面上有販售許多美觀的醫療帽子及假髮。

動脈和靜脈有什麼不一樣呢？

（ 關於動脈和靜脈 ）

動脈將血液由心臟送至全身，
靜脈則將血液送回至心臟。

這樣就懂了！ **3** 個大重點

血管分為動脈、靜脈及將兩者連接的微血管

在人體裡負責運送血液的血管，可分成動脈、靜脈及微血管三種。動脈由心臟開始，之後開始分支變細，最後連接到微血管遍佈全身。血液回流的路徑則被稱作靜脈。

動脈像橡皮筋一樣有彈性

動脈負責將富含氧氣跟營養的血液送至人體組織。動脈為了要接收心臟一鼓作氣打出的血液，所以結構上就像橡皮筋一樣有彈性。而血液要往哪裡流動，要分配多少的流量，也都是動脈的工作喔。

血液一分鐘就可以繞完身體一圈

靜脈負責將細胞產生的二氧化碳和廢物運回心臟。靜脈裡中的瓣膜具有避免血液回流的功能。由心臟送出的血液只需 1 分鐘便可繞完人體一圈回到心臟喔。

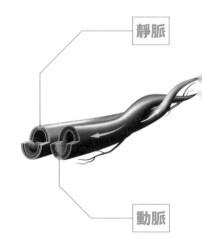

靜脈

動脈

左側標籤：臟 器／五 感／機 能／身體動態／疾 病／身體網絡

了解更多 將全身的血管接起來，竟然有約10萬公里！這個長度大概是地球2圈半的長度呢。

人體失血量達多少時會死亡呢？

(關於出血量)

當我們人體中的血液流失三分之一時就會危及性命！

這樣就懂了！ 3 個大重點

當流失五分之一的血量時便會引起休克！

人體中流動的血液量約是成人體重的 8%（十三分之一）。以體重 50 公斤為例，血液量約是 4 公升。如果突然失血量達到五分之一時就會引起休克，達到三分之一時便會危及性命。

失血也可能是因為內出血造成

失血也有可能是因體內消化器官等部位發生大量出血所致。如不盡快治療，可能會導致呼吸衰竭（因肺部無法順利運作呼吸，導致心臟及腎臟無法發揮正常作用的狀態）。

孩童就算是少量出血也非常危險！

即便是相同的出血量，在短時間內的出血是相當危險的！孩童的血液量只有體重的約十九分之一，就算是少量出血也易引發休克。據說因體質因素，女性比男性容能忍受更高的出血量。手術的時候，當出血量超過 500 毫升時，大多會啟動輸血機制。

血液量＝體重的8%

失血量達1/3時便會危及性命！

右側邊欄：臟器　五感　機能　身體動態　疾病　身體網絡

了解更多 捐血時有體重限制，是因為血液量會受到體重影響的緣故。

血壓是什麼呢？

(關於血壓)

動脈的血液在流動時，對血管壁施加的壓力就是血壓。

這樣就懂了！ 3 個大重點

與心臟的脹大與收縮有關

當血液從心臟送出時，動脈內側所感受到的壓力就是血壓。當心臟收縮將血液送出時的血壓稱為「收縮壓」，將心臟脹大血液回填時，動脈受到較弱的壓力稱為「舒張壓」。

起床後身體開始運作，血壓就會上升

當我們在睡覺時，身體需氧量低所以血壓較低。當起床開始活動之後，血壓就會升高。特別是在吃東西或是運動時，身體需要大量的氧氣，血壓就會上升。

鹽分攝取過多、肥胖等原因，都可能導致高血壓

如持續有高血壓的狀況，心臟及血管的負擔過大，容易引發心肌梗塞或是主動脈瘤等疾病。減少鹽分的攝取，注意不要過度肥胖，開始散步或是慢跑等運動吧。

〈血壓〉

血管受到血液由血管內側施加的壓力

〈血管〉

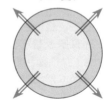

了解更多 在美國為因鹽分攝取過量及肥胖，導致有高血壓的孩童增加了。

血栓是什麼呢？

（ 關於血栓 ）

血管中的血液呈現「血塊」的狀態，就是血栓。

這樣就懂了！ **3** 個大重點

血栓可能使臟器受損

經濟艙症候群（第 106 頁）、腦梗塞、心肌梗塞這幾種疾病，都是因血管的血液中含有血塊，也就是「血栓」所引起。血栓形成後，會使得血液無法順利送至需要的臟器，造成臟器損壞。

血流、血液、血管異常可能造成血栓

因血栓而引起的疾病常被稱為「栓塞」。以下狀況容易引起血栓：①在飛機中因為長時間維持相同姿勢，導致血液循環不佳的狀態、②有糖尿病的病症時、③因動脈硬化導致血管硬化的情形時。

血栓其實並不少見

當骨折打石膏、長時間坐著讀書等情形，都可能使得血液循環變差，導致血栓形成。血栓其實並不少見，所以我們平常就要多加注意喔！

了解更多 每年10月13日為「世界血栓日」，是為了呼籲大家重視血栓並預防此疾病所設立的。

動脈硬化是什麼呢？

(關於動脈硬化)

動脈硬化指的是血管壁因為膽固醇堆積，導致血管變窄、變硬的狀況。

這樣就懂了！ **3** 個大重點

動脈硬化其實從孩童時期就開始形成

動脈是將由心臟打出的血液運送到全身的血管。當動脈的管壁上有膽固醇（第 55 頁）等脂質累積，血管就會變窄、變硬，這就是所謂的動脈硬化。膽固醇的累積其實從孩童時期就開始了。

動脈硬化難以察覺

動脈硬化從外觀並不容易發現，所以常有因未注意而延誤治療的情形。如動脈硬化的情形持續惡化，血管可能無法承受血液的衝擊而破裂，也可能導致血栓（第 103 頁）生成，引發心肌梗塞或是腦梗塞等疾病。

多吃亮皮魚吧

為了防止動脈硬化，日常飲食非常的關鍵。為了避免攝取過多的膽固醇，少吃富含脂質的肉類，多吃魚類，像是秋刀魚、鰤魚、沙丁魚等亮皮魚類都是相當好的選擇。另外，富含膳食纖維的蔬菜及菇類也相當不錯喔。

了解更多 動脈硬化可能從10歲左右就開始形成。

動脈瘤、靜脈曲張指的是什麼呢？

(關於血管瘤)

血管瘤指的是在血管形成
像瘤一樣的局部突起。

這樣就懂了！ 3 個大重點

動脈管壁受到過大的壓力會造成血管瘤生成

血管也可能會生病，其中一種血管的疾病就是「動脈瘤」。這是因動脈管壁承受過大的壓力，使得血管產生膨大如瘤狀的突起。如果長在大動脈便稱為「大動脈瘤」。導致蜘蛛膜下腔出血（第 267 頁）的腦動脈瘤也是其中一種。

動脈瘤幾乎無症狀

動脈瘤雖然基本上是沒有症狀產生的，但隨著瘤逐漸脹大，可能會有背痛或是胸痛的症狀。如果血管瘤破裂更是可能危及生命，相當危險。動脈瘤的形成常與高血壓有關，為了避免動脈瘤的形成，要特別注意不可攝取過多鹽分，再來要避免肥胖及壓力的累積。

靜脈曲張好發於女性

常發生於靜脈的血管瘤，會使腳的皮膚表面靜脈浮起的「靜脈曲張」。與動脈瘤不同的是，靜脈曲張不危及性命，但有慢性疼痛及皮膚變黑等症狀出現。另外下腿靜脈曲張好發於女性。

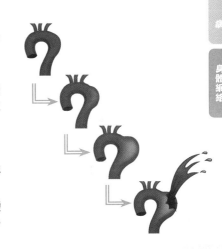

了解更多 依血管瘤破裂的部位不同，也可能會有血便的狀況。

腦　器　五　感　機　能　身體動態　疾　病　身體網絡

經濟艙症候群是什麼呢？

關於深度靜脈血栓

腳部長時間維持相同姿勢，導致靜脈形成血栓並引發其他症狀的情形。

（第 103 頁）

這樣就懂了！ 3 個大重點

較常發生於飛機上、車內等，座位狹窄的地方

長時間坐在飛機或是車子等狹小的座位，可能會造成腳部靜脈形成血栓（第 103 頁）。當血栓隨著血液流動，並在肺部等處造成阻塞，就是所謂的經濟艙症候群。在搭乘飛機時要特別注意。

試著起身走動或做點簡單的體操

經濟艙症候群會使腳或膝蓋腫脹，並在小腿肚產生劇烈疼痛。當肺部血管阻塞時，還會突然有呼吸困難等症狀。適時動動身體保持血流通暢，是預防經濟艙症候群的好方法。也可以試著起身走動或做些簡單的體操，按摩小腿或是將腳踝上下運動也相當有效果。

補充水分相當重要！

攝取充足的水分、穿著寬鬆的衣物、在休息時可在腳下放置行李把腳墊高等，都是可以防止血栓形成的小方法，大家要記住喔。

了解更多 當遇到如地震等天然災害，為了避難而在車上過夜時，也易引起經濟艙症候群。

鼻子是怎麼聞到氣味的？

（ 關於嗅覺 ）

鼻子中有嗅覺接收器，可將氣味的訊號傳遞給大腦。

這樣就懂了！ 3 個大重點

位於鼻腔上方的「嗅上皮」負責偵測氣味！

當氣味飄進鼻腔，位在鼻腔上方黏膜「嗅上皮」上的 500 萬個「嗅覺細胞」，就會開始捕捉氣味分子，把收到的訊息透過嗅覺神經傳送到大腦「嗅球」，我們才能感覺到「氣味」。

敏銳的嗅覺是為了保護性命

氣味可以用來判別食物是否可以食用，也可偵測是否有危險靠近，非常地重要。也因此動物的嗅覺特別敏銳。但為了接收新的氣味，同樣的氣味聞久了之後，我們對氣味的感覺會漸漸地消失。

嗅覺可以喚起記憶

據說人類可以分辨的氣味約有 2000 ～ 3000 種。因為大腦已經輸入了以前聞過的氣味，所以我們能透過氣味判別是否安全或好吃。另外，據說香水調香師可以分辨 10000 種氣味喔。

嗅上皮

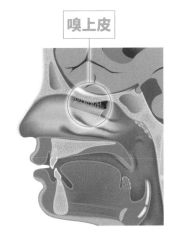

了解更多 狗的嗅覺細胞有1億個以上，是人類的20倍！嗅覺能力則比人類好上100萬～1億倍。

器官

五感

機能

身體動態

疾病

身體構造

為什麼會常流鼻血呢？

（ 關於鼻血 ）

鼻腔黏膜下有許多微血管，只要受到些微刺激就會破裂。

這樣就懂了！ 3 個大重點

在鼻黏膜特別薄的地方有許多微血管！

我們的鼻子內側覆蓋著一層被稱為「黏膜」的濕潤上皮。其中，鼻腔前段的「克氏靜脈叢」聚集了許多微血管，只要稍有摩擦或抓傷就會流鼻血了。

鼻塞時更容易流鼻血！

當鼻子有鼻塞等不舒服的狀況時，血液會集中在鼻腔血管裡並使其膨脹，這時候如受到刺激就很有可能會造成血管破裂。鼻塞時如果大力擤鼻子，可能會流出比平常更多的鼻血，要特別注意。

吃巧克力或堅果之後會流鼻血的傳聞是假的！

吃巧克力或是花生後容易流鼻血……這是沒有醫學根據的。但是巧克力及堅果富含會促進血液循環的多酚，所以才有這樣的傳言產生。

克氏靜脈叢

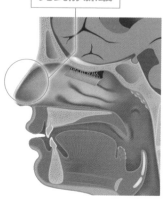

了解更多　流鼻血時，用大拇指及食指抓住整個鼻子有助於止血。

為什麼會有鼻毛呢？

(關於鼻毛)

鼻毛可以防止空氣的髒污進到氣管中。

這樣就懂了！ 3 個大重點

鼻毛是阻擋大塊髒污進入鼻腔的防線！

呼吸的時候，空氣中的粉塵、小蟲、細菌等都有可能進入鼻腔。鼻毛及黏膜的工作，就是要避免這些東西進入人體。鼻毛無法擋下的細小髒污則是由鼻黏膜負責攔截。

打噴嚏能排除鼻腔髒污

沾附在黏膜上的髒污會以鼻水或是痰的形式排出體外。當鼻黏膜的神經受到刺激，想要排除沾附在黏膜上的髒污時，人體會產生一股巨大的氣息將其排出，那就是「噴嚏」（第 59 頁）。

從鼻毛可以看出空氣的污濁程度嗎？

當居住在空氣較不好的地方，鼻毛會長得快且長。這是為了要能攔截更多的髒污及灰塵的人體機制。如果覺得鼻毛長得特別快的話，就確認一下空氣的品質吧。

**空氣污濁容易
促使鼻毛生長！**

了解更多 目前似乎只有人類有鼻毛，其他動物是沒有鼻毛的。

器官

五感

機能

身體動態

疾病

身體結構

鼻屎裡
有什麼呢？

（ 關於鼻屎 ）

**鼻屎是由我們所吸入的
空氣髒污形成。**

這樣就懂了！ 3 個大重點

鼻黏膜分泌的黏液會使鼻屎結塊

空氣中的髒污、灰塵、細菌等進入鼻腔後，先被鼻毛攔截，再來黏膜會分泌黏稠的黏液，將這些不乾淨的物質集中、變硬。這樣就可以確保只讓乾淨的空氣經過鼻腔進入人體了。

空氣不乾淨時，鼻屎也會隨之變多

為了不讓鼻毛及黏膜攔截到的髒污、灰塵、細菌等進入人體。所以將這些不乾淨的物質集中變硬，等到變成人眼能看到的大小時，就是我們所說的「鼻屎」。

感冒時鼻屎的顏色會變黃

感冒的時候，鼻屎及鼻水的顏色都會變黃，那是因為與感冒病毒對抗的白血球殘骸混入鼻水裡的緣故。鼻子會將進入人體的有害物質排出。

摳摳　摳摳

了解更多 為了使鼻腔保持濕潤，鼻黏膜所分泌的黏液，一天竟然可以分泌約1公升呢！

鼻水也有不同的類型嗎？

(關於鼻水)

清澈的鼻水是因為裡面混入了眼淚的緣故。

這樣就懂了！ **3** 個大重點

鼻黏膜上的分泌腺體可生成兩種不同的液體

在我們鼻黏膜裡，有會分泌清澈鼻水及黏稠鼻水的兩種分泌腺體。當兩相混合就會變成鼻水。感冒時，鼻水中因混入了白血球及病毒的殘骸，所以會特別黏稠。

哭泣時流出的鼻水是稀稀水水的

因為眼睛跟鼻子間有細小的通道連接，所以我們哭的時候也會流鼻水。當我們流眼淚的時候，淚液會從連接的通道跑入鼻腔，跟著鼻水一起流出來。所以哭泣時流出的鼻水是稀稀水水的。

用多餘的淚液幫鼻腔保濕

不只是在流淚的時候淚水會跑進鼻腔，我們平時多餘的淚水也會經鼻淚管跑到鼻腔中，協助鼻黏膜保持濕潤。因為平常流進鼻腔的淚水非常的少，所以也不會從鼻孔流出。但在哭泣時因為流進的淚水變多了，就會以鼻水的形式流出來了。

了解更多 鼻塞時因淚液無法從鼻淚管流入鼻腔，所以容易產生眼屎。

為什麼鼻子進水時會感到疼痛呢？

（ 關於鼻黏膜 ）

**鼻子的黏膜相當敏感，
疼痛是感覺有異物入侵時的反應機制。**

這樣就懂了！ 3 個大重點

對與體內水分不同的「水」產生的反應！

鼻腔中有神經、薄薄的黏膜以及大量的微血管，是非常敏感的區域。當像是自來水、游泳池的水等，與體內完全不一樣的水分進入人體時，便會產生疼痛的反應機制。

若是溫熱的「鹽水」進入鼻腔就不會痛！

因自來水中沒有鹽分，游泳池的水為了消毒加入了氯，成分來說是和人體內水分完全不一樣的東西。但如果是溫熱的鹽水，因為和人體中的水分組成相似，所以即便進入鼻腔也不會感到疼痛。

**芥末的香氣及阿摩尼亞的臭味
也會讓鼻子感到疼痛！**

當吃芥末時鼻腔會突然感到一陣不舒服，那是因為鼻黏膜的神經受到強烈氣味刺激，產生跟碰到水一樣的疼痛反應。

了解更多 在治療花粉症等疾病時，會使用與體內水分含鹽量相同的「生理食鹽水」清洗鼻腔。

化膿性鼻竇炎是什麼呢？

（ 關於化膿性鼻竇炎 ）

當細菌進入鼻腔周圍稱作「副鼻竇」的空腔，並造成化膿，就是化膿性鼻竇炎。

這樣就懂了！ 3 個大重點

「副鼻竇」是鼻腔周圍很重要的空腔

副鼻竇指的是連接鼻腔（鼻孔）及頭蓋骨內側、額頭、眼睛、臉頰後方、耳朵側邊等四對空腔。副鼻竇的作用，是用以調節人體吸入空氣的濕度及溫度，中空的構造也能使頭部重量減輕。

**病毒或細菌進入副鼻竇時，
便可能引發化膿性鼻竇炎入侵**

當有病毒或細菌進入副鼻竇時，鼻腔黏膜受到刺激會產生發炎反應。這就是「化膿性鼻竇炎」。當化膿性鼻竇炎變嚴重，鼻黏膜有膿滲出時，就是「副鼻竇化膿性鼻竇炎」。

鼻塞時，頭會覺得暈暈的

當變成化膿性鼻竇炎時，鼻腔會因為鼻水過多而塞住，且聞不到氣味。嚴重的話還會產生頭痛、頭暈等症狀，使得注意力無法集中。所以還是盡快就醫治療，避免變成慢性化膿性鼻竇炎才好。

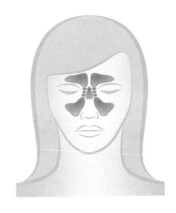

了解更多 我們的鼻孔為了能有效率的運作，會每1～2個小時輪流負責主要呼吸的工作。

臟
器

五
感

機
能

身體動態

疾
病

身體組織

食道負責什麼工作呢？

(關於食道)

食道是連接喉嚨和胃的通道，負責把食物送往胃部。

這樣就懂了！ 3 個大重點

只需6秒就可以把食物送達胃部

食道的外型就像是一條直徑約 2 公分的管子，成人來說，食道的長度約為 25 公分。平常沒有食物通過時細且閉合，當有食物通過時則會變寬且大。水的話只需 1 秒、食物的話則需 6 秒左右，就可以進到胃裡面喔。

為什麼人就算倒立還是能喝水呢？

食道是透過肌肉由上而下依序收縮（蠕動），將水或食物邊擠邊運送至胃部。因此，就算人呈現倒立的狀態，食物還是可以被送到胃裡。另外，因食物進入食道後，食道的入口會立刻關閉，所以食物並不會掉回口中喔。

食道有三個「窄縮」的位置

食道有三個較細的位置，當食物沒仔細嚼碎不小心吞進肚子時，喉嚨會有噎到的感覺，這就是因為被這些窄縮的位置卡住了。所以吃東西時切記要細嚼慢嚥喔。

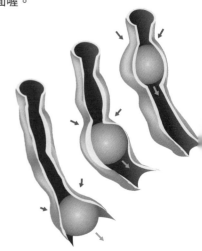

了解更多 鳥的食道裡有個像是「袋子」的構造，他們可以先將吃進肚子的食物儲存在這個袋子裡，再陸續少量的送至胃部。

「嗆咳」是什麼情形呢？

(關於誤嚥)

嗆咳指的是食物不小心跑進了氣管，為了把它咳出來而引起的劇烈咳嗽。

這樣就懂了！ 3 個大重點

為了將跑到氣管的食物咳出，而產生的咳嗽反應

有沒有在匆促吃飯時嗆到而感覺不舒服的經驗呢？我們的喉嚨有個蓋子（會厭），區隔給食物通行的食道，以及讓空氣進入的氣管。如果它沒有正常發揮作用讓食物跑進氣管裡的話，我們就會為了把誤嚥的食物排出而產生嗆咳的反應。

食物跑進肺裡可能會引起疾病

食物或唾液不小心跑入氣管的情形我們稱為「誤嚥」。因為我們的口腔中有很多細菌，誤嚥會將附著於食物上的細菌帶到肺部，並可能引起肺炎（第 77 頁），相當危險。因此，嗆咳對身體來說是非常重要的一種反應機制。

空氣跑入食道是沒有關係的

相反的，人體會透過打嗝或是放屁排出進入食道的空氣，所以空氣跑入食道並不影響健康喔！

了解更多 容易發生誤嚥的原因，是因為人類的喉嚨為了能發出聲音垂直長度較長的緣故。

我們會什麼會打嗝呢？

（ 關於打嗝 ）

我們會打嗝是因為在吃東西時吞進肚子裡的空氣，從胃經食道並由嘴巴排了出來。

臟器
五感
機能
身體動態
疾病
身體網絡

這樣就懂了！ 3 個大重點

嗝就是跟食物一起進入人體的空氣

我們在吃飯的時候，空氣會跟著食物一起進入人體。平常食道跟胃之間有個避免食物逆流的蓋子，但當胃裡的空氣過多，會導致蓋子鬆開氣體釋出，這就是嗝的真面目。

什麼時候容易打嗝呢？

當我們喝完碳酸飲料後，因為碳酸飲料中含有大量二氧化碳，當這些氣體進入胃裡又釋放出來時，我們就會打嗝。另外，當我們緊張的時候會吞嚥口水，這時候也會吞入空氣，所以緊張時也容易打嗝。

小寶寶不太會打嗝？！

嬰兒的胃還沒有發育完全，所以無法好好打嗝。當喝完奶後幫小朋友輕拍後背，對打嗝很有幫助喔。

了解更多 據說牛打嗝的氣體裡富含甲烷，是造成地球暖化的原因之一。

胃食道逆流是什麼呢？

（ 關於胃食道逆流 ）

胃中帶有強酸的物質逆流進食道，使得胸口灼熱的疾病，就是胃食道逆流。

這樣就懂了！ 3 個大重點

胃裡的強酸物質損害食道

食道下方有防止食物從胃逆流的肌肉「括約肌」。但因括約肌的阻絕力不強，胃裡的強酸物質還是有可能返回食道，造成食道受損並引起胸痛及不適。

會出現什麼症狀呢？

胃食道逆流除了會有胸口灼熱（胸部會有一陣陣灼熱的刺痛、刺激的感覺）、胃酸逆流（有酸性物質從口中湧出的感覺）等症狀之外，還可能同時有胸痛、咳嗽、喉嚨不適、耳朵疼痛等症狀。

年齡增長、節食及吃太多都有可能造成胃食道逆流

隨著年齡增長，用以防止逆流的括約肌力量會減弱，就容易產生胃食道逆流的狀況。另外肥胖或是吃太多時，胃也會受到壓迫引起食物逆流。所以食物吃八分飽最剛好喔。

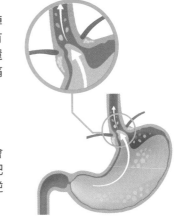

了解更多　原本日本人不大有胃食道逆流的狀況，但隨著歐美飲食文化進入日本，有胃食道逆流的患者變多了。

咽頭
負責什麼工作呢？

(關於喉嚨)

咽頭協助將鼻子吸入的空氣及口中吃入的食物分開。

這樣就懂了！ **3** 個大重點

「咽」、「喉」都可以代表喉嚨

「咽」、「喉」都可以代表喉嚨，但是平常並不會刻意的做區分。我們的喉嚨是由「鼻腔」、「口腔」、與食道相連將食物運送至胃部的「咽頭」以及與氣管相連將空氣送達肺部的「喉頭」組成。

作為食物及空氣進入人體的通道

喉嚨負責連接人體與外面的世界，也是空氣及食物進入人體的通道。「咽頭」位於「氣管」及「食道」附近，吞嚥時咽頭的蓋子會自動關閉，將食物及空氣引導到正確的通道進入人體。

咽頭是防止病原細菌進入人體的第一道防線

咽頭包含了我們免疫系統中的「扁桃腺」，可防止口鼻吸入的致病菌進入氣管或肺部。

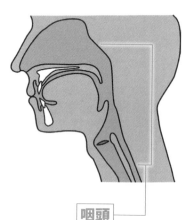

咽頭

了解更多 日本俗諺有「過了喉嚨就忘了燙」這一說。大家可以查看看是什麼意思喔。

喉頭
負責什麼工作呢？

（ 關於喉結 ）

喉嚨另一個特徵，是有協助發聲的器官「聲帶」。

這樣就懂了！ 3 個大重點

為了發聲而存在的器官「聲帶」

在氣管入口處約 5 公分左右的位置就是「喉頭」。喉頭周圍被數個軟骨環繞，中間則有「聲帶」，是負責協助人體發出聲音的重要器官。

成年男性的軟骨較為突出

成年男性其中一部分的軟骨向前突出，這就是「喉結」。喉結大概是從中學時期會開始變得明顯。

只有空氣可通過喉頭

在喉頭的入口處有「會厭」，會厭是個像蓋子般非常厲害的構造，可以自動調節食物及空氣的通行路線。在食物經過時關閉，吸入空氣時打開。而與氣管相連的喉頭，就只有空氣可以通過。

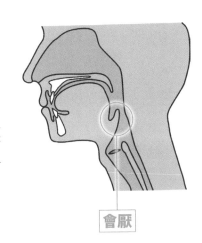

會厭

了解更多 空氣及食物是無法同時通過喉嚨的。

聲帶負責什麼工作呢？

(關於聲帶)

聲帶是左右兩瓣的膜狀結構，透過震動發出聲音。

這樣就懂了！ **3** 個大重點

為什麼可以發出聲音？

在喉嚨、喉結的位置有兩片膜狀構造，這就是「聲帶」。這兩片膜狀構造在我們呼吸的時候會打開，發出聲音的時候會關起來，兩瓣中間的縫隙則是聲門。空氣通過聲門時，聲帶會產生震動，便可發出聲音。

為什麼不同人的聲音會不一樣呢？

當聲門越小，聲帶震動的次數越多，聲音就會越高亢。聲音的大小則受到呼出的空氣量影響，當呼出的空氣量大聲音就大。我們透過改變舌頭及口腔的形狀發聲說話，但因為每個人嘴巴開闔及變化方式都不一樣，所以才會發出不同的聲音。

成年後聲音為什麼會變低呢？

隨年齡增長喉結變大，聲帶也會變長變厚，聲音也因此變低了。

聲帶

呼吸時

發出聲音時

了解更多 當說話時把手放在喉嚨上，可以感受到聲帶的震動喔。

指甲的組成是什麼呢？

（ 關於指甲 ）

> **指甲就是一小塊變硬的皮膚。**

這樣就懂了！ 3 個大重點

指甲的成分是蛋白質

指甲是皮膚的一部分，主要是由角蛋白這種蛋白質構成。因為沒有神經及血管通過，剪指甲不會痛也不會流血。指甲負責保護我們的手腳，減緩在拿取東西或步行受到的衝擊。

指甲的構造

我們眼睛可看到指甲的部分是「甲片（甲板）」，與皮膚相連的部分是「甲根」，甲片下方真皮部分是「甲床」，在指甲根部白色半月型的部分則被稱為甲半月。甲半月部分是白色的，這是因為這裡的指甲才剛剛長出來喔。

指甲可以看出身體狀態

指甲可反應出我們的身體狀況。營養不良會導致甲片上有橫紋生成，甲片上如出現直紋則是因為老化的緣故。如指甲前緣變白則可能是感染甲癬了。

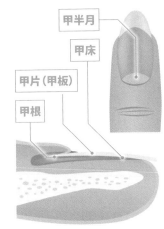

甲半月
甲床
甲片（甲板）
甲根

了解更多 指甲甲根的甲母細胞持續分裂，所以指甲會不斷變長。指甲一天約會生長0.1公釐。

左撇子跟右撇子的人哪裡不一樣呢？

關於慣用手

在大腦負責語言的「語言區」。
右撇子多以左腦為主，左撇子則是右腦。

這樣就懂了！ 3 個大重點

約九成的人是右撇子

在寫字或是投球時，如慣用的是右手就是右撇子，慣用左手則是左撇子。慣用手大約 4 歲後就會決定，約有九成的人是右撇子。

慣用手不同，大腦使用的語言區也不同

大腦分成左腦及右腦。左腦控制身體的右側，右腦則控制身體的左側。大部分慣用右手的人，左腦使用頻繁，負責語言的語言區也位於大腦左側。相反的，慣用左手的人，右腦使用較為頻繁，約有 6～7 成的人語言區位於腦的右側。左撇子中也有大腦左右兩側都有語言區的情形。

天才之中比較多左撇子？

人的右腦管控直覺思考，有善於藝術創造。所以才有左撇子的人多具有特殊才能這樣的說法。

右撇子多使用左腦。

right left

左撇子多使用右腦。

了解更多 有一說指「慣用手是依據小朋友在媽媽肚子中吸吮的手指決定的」。

為什麼小指頭彎曲時無名指也會彎曲呢？

（ 關於手部神經 ）

因為控制無名指和小指的神經相同，所以兩指會連動。

腦　器

五　感

機　能

身體動態

疾　病

身體鍛鍊

這樣就懂了！ **3** 個大重點

無名指和小指透過相同的神經送出指令

當大腦送出「動動小指吧！」的指令，這個指令就會透過神經傳遞到控制手指動作的肌肉。因為小指及無名指使用相同的「尺神經」，所以當小指彎曲時無名指也會跟著彎曲。

控制小指及無名指的肌肉也連在一起

我們的手掌肌肉，除了大拇指之外的四指是連在一起的，所以四指無法個別動作。也因如此，小指及無名指不只是神經，就連肌肉也相連，所以彎曲時都會一起動作。

人和動物的大拇指不一樣！

大拇指和其他四指不同。大拇指有四條肌腱，可以自由靈活的往各方向動作，也可配合其他四指調整位置，藉以完成抓取物品的目標。這是只有人類手指才有的特徵喔。

小指及無名指由相同神經通過

尺神經

了解更多 鋼琴家透過不斷地練習，可以讓小指及無名指分別動作。

為什麼手指可以發出喀喀的聲音？

(關於關節發出聲響)

> 手指發出的聲響，據說是指關節中關節液裡的泡泡破裂的聲音。

這樣就懂了！ 3 個大重點

聲音的來源不是骨頭，而是氣泡破裂的聲音？

手指的喀喀聲並不是骨頭發出來的。關節被叫做關節囊的膜包覆，兩者中間夾著被稱為關節液的液體。當我們手指彎折時，關節液便會產生氣泡，喀喀聲就是這些氣泡破裂的聲音。

常彎折手指可能造成指關節變形

喀喀聲也稱作 cracking。在發出聲音的瞬間，關節中會受到相當大的衝擊。反覆的彎折會導致發炎，長期亦可能導致關節硬化變形等狀況，所以不要太常彎折手指喔。

> 常彎折手指可能引起發炎

還是尚未釐清的機制

關於手指發出的聲響的原因已經討論了有 100 年以上，但真正機制尚未釐清。氣泡破裂的觀點是其中可信度比較高的說法。2018 年時，美國史丹佛大學曾使用算式模擬聲音發出的方式，並發表了能支持此論點的研究結果。

了解更多 鼻子和肩膀的關節也會發出聲響，但如果太常突然製造聲音則可能會對附近的神經造成傷害。

指頭挫傷為什麼會痛呢？

(關於指頭挫傷)

因為手指的關節或骨頭受傷，所以感到疼痛。

這樣就懂了！ 3 個大重點

手指的韌帶或肌腱處於受傷的狀態

當我們被躲避球強力重擊指尖，或是手指撞到牆壁時，手指的韌帶、肌腱、關節、骨頭等因為衝擊而感到疼痛，這就是指頭挫傷。不只是手指，腳趾也有可能發生挫傷。

疼痛的感覺會逐漸緩和

指頭挫傷時，一開始會產生強烈疼痛，之後疼痛會漸漸消失。以繃帶固定，疼痛腫脹約 1 週可減緩，2～3 週便可治癒。但如果骨折了，疼痛則會加劇。

不易辨別是否骨折

中度～重度的指頭挫傷，可能會造成骨折或是肌腱斷裂。但很多時候不好靠臨床判斷是否有骨折，如疼痛加劇建議盡快就醫。

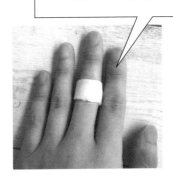

使用繃帶固定挫傷的手指，大約2到3週可復原

了解更多 「槌狀指」是指頭挫傷時，遠端指骨發生撕裂性骨折，導致外觀看起來只有指尖的位置彎折。

125

關節

五感

機能

身體動態

疾病

身體頭絡

板機指、杵狀指 是什麼呢？

(關於指頭變形)

板機指在手指伸直時會發出「喀」的聲響；杵狀指的手指則會在末端成現像棒槌的樣子。

這樣就懂了！ 3 個大重點

許多疾病都會在手指出現症狀

板機指、杵狀指的成因不同。板機指是一種腱鞘炎，好發在常打電腦或是演奏樂器的人身上。而杵狀指的成因還不明確，是肺癌等呼吸道疾病患者會出現的症狀之一。

板機指是因手指的腱鞘正在發炎

肌腱將肌肉及骨頭相連。腱鞘是包圍在肌腱周圍如繃帶般的組織，當肌腱和腱鞘持續摩擦造成發炎，便是「腱鞘炎」。嚴重的話，手指會無法伸直並發出「喀」的聲響，這就是板機指。有板機指症狀時，手指會感到疼動且無法靈活動作。

杵狀指需從病源醫治

杵狀指就像病名一樣，手指會變得像鼓棒一樣，這是因手指血流不順所引起。當導致此症狀的根源疾病（如心臟、肺部疾病）改善時，症狀便會好轉。

腱鞘炎症狀加劇時，手指伸直時會發出「喀」的聲音，這就是板機指

腱鞘

肌腱

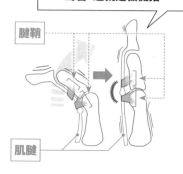

126　**了解更多** 板機指多發生在更年期後的女性、孕產婦、糖尿病及洗腎患者。

湯匙指是什麼呢？

(關於指甲變形)

「湯匙指」的指甲中間凹陷，呈現像湯匙的形狀。

這樣就懂了！ 3 個大重點

像湯匙般翹起的指甲

因為指甲中央凹陷，前端向上翹起，整個形狀像湯匙一樣，所以才稱為湯匙指。患者指甲顏色會偏白，或像是有層厚厚的黃色覆蓋的感覺。湯匙指好發於我們較常出力的大拇指、食指及中指。

主要成因有三！

湯匙指成因主要為「缺鐵性貧血」、「外部壓力」以及「剪指甲的方式」這三種。如症狀發生在嬰兒或幼童時，多是因「外部壓力」造成，只要長大就會好轉。如果成因是貧血，則可能會有易疲倦及氣色不佳的症狀。

從指甲可以看出身體狀態

指甲可能正透露著關於我們身體的健康訊息，千萬不要因為指甲不會疼痛就忽視相關症狀。傳遞著關於身體的重要資訊。如已排除外部壓力且注意剪指甲的方式後，湯匙指還是無法改善的話，就快點就醫檢查看看吧。

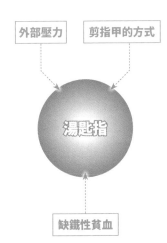

外部壓力　　剪指甲的方式

湯匙指

缺鐵性貧血

了解更多 湯匙指好發於從事勞力作業多的農業及常接觸藥劑的美容業界等人身上。

河豚的毒
為什麼很危險呢？

(關於河豚毒素)

河豚毒素可能導致人體呼吸麻痺進而死亡。且尚未有明確的治療方法。

這樣就懂了！ **3** 個大重點

河豚是被限制食用的有毒生物代表

河豚雖有不少品種，但大多數在內臟、皮膚、血液、肌肉等位置都含有「河豚毒素（Tetrodotoxin）」。因為河豚食用的海星或貝類含有毒素，這些毒素就慢慢累積在河豚體內。

少量河豚毒素便可能致死！

即使只有少量的河豚毒素也非常危險。每 1 公斤的致死劑量是 0.01 公克，換而言之體重 50 公斤的成人，只要 0.5 克就會死亡。誤食後的 30 分鐘～ 3 小時左右，嘴唇或舌頭會感到麻痺，還可能會有嘔吐、語言障礙的狀況，並漸漸呼吸困難。也有在誤食後 1 小時左右死亡的案例。

處理河豚毒素需非常謹慎，且需有證照

製作河豚料理需要證照。特別是內臟的處理和丟棄都要非常小心謹慎，需使用可上鎖的不銹鋼容器存放、加熱，並使用氫氧化鈉中和後埋置地底下。

了解更多 誤食時如可立即吐出並前往醫院，救治的機率是很高的。

被虎頭蜂叮咬會發生什麼事呢？

(關於胡蜂毒素)

被虎頭蜂叮咬，第一次會產生抗體、第二次會引發過敏反應，甚至可能致死。

這樣就懂了！**3** 個大重點

只要被虎頭蜂叮咬過一次，體內就會產生抗體

第一次被虎頭蜂叮咬後，就算沒有過敏反應，也大多會在叮咬處紅腫的情形，並在幾天後緩解。但也可能伴隨劇烈疼痛或是全身出蕁麻疹的情形。

第二次叮咬會引起過敏反應！

蜂毒需特別注意的是「第二次」的叮咬。當曾受過蜜蜂叮咬，人體的防護機制會產生抗體（第 47 頁），當再次受到叮咬，抗體會產生大量的組織胺，引起過敏性休克（第 369 頁）。同時會有低血壓、痙攣、意識模糊等情形，並可能導致休克而死亡。

當被蜜蜂叮咬請儘速就醫！

蜂毒過敏最危險的時間據說是在被叮咬的 1 小時內。總而言之，被叮咬後如不儘速就醫，可能會錯過救治的時機。

了解更多 7～10月是蜂巢最大的時候，是最容易受到蜜蜂叮咬的時期。

毒氣是什麼呢？

(關於毒氣)

> 毒氣是能致人於死，
> 史上最邪惡的化學武器。

這樣就懂了！ **3** 個大重點

毒氣瓦斯第一次被使用是距今約100年前

第一次世界大戰（1915 年）時，毒氣瓦斯第一次被使用在戰爭上。德軍在比利時對法軍施放「氯氣」，據說導致 1 萬 4 千人中毒，5 千人死亡。

被使用於戰爭的毒氣瓦斯種類與症狀

第一次世界大戰最常使用的是「芥子毒氣」。當毒氣接觸到皮膚會產生劇烈疼痛，且無特效藥可治療。另外還有舊日本軍製造的「光氣」，光氣會破壞呼吸系統組織，導致人體無法呼吸。

動搖日本的神經毒氣瓦斯「沙林毒氣」

有聽過「東京地下鐵沙林毒氣事件（1994 年）」嗎？這是一起日本地下鐵被施放沙林毒氣的事件。沙林毒氣屬於神經性毒氣，是只要一點點就能使人窒息的劇毒瓦斯。當年的事件造成 14 人死亡。

了解更多 戴防毒面具、穿著防護衣，將全身包覆，是防禦毒氣瓦斯的其中一種方法。

水母刺毒是什麼呢？

(關於水母刺毒)

被水母刺傷程度有很多種，特徵是被刺傷的部位會產生劇烈疼痛及發炎症狀。

這樣就懂了！ 3 個大重點

毒素會從水母的觸手刺絲胞釋出

你是否曾在海邊看過在水中悠遊的水母呢？大部分水母會從觸手發射被稱為「刺絲胞」的毒針，藉以捕獵食物。如不慎觸碰便可能被螫傷。

水母刺毒可能致人於死

水母的種類有很多，在日本海域需特別注意的是僧帽水母，被螫傷時會產生劇烈疼痛且可能導致死亡。在沖繩等海域出現的箱型水母，螫傷後如症狀過於嚴重，會因呼吸困難而喪命。

被水母刺傷的處理方式

當被僧帽水母螫傷後，可先使用 45°C 熱水浸泡患部，或是使用冰塊冷敷兩種方法。再來在不觸碰到觸手的方式下將觸手移除，並前往醫療機關進行救治。

了解更多 水母傘狀的身體及觸手是各自獨立的構造。

器官

五感

機能

身體動態

疾病

身體組織

蛇毒
是什麼呢？

（ 關於蛇毒 ）

蛇毒指的就是毒蛇的唾液，
依接觸情況不同可能導致死亡。

這樣就懂了！ **3** 個大重點

目前地球上我們所知的毒蛇約有700種

在地球約 3400 種的蛇類中，有毒的品種約佔 700 種。雖品種不同可能會有所差異，但大部分的毒蛇是唾液有毒，一旦被咬，毒液便會進入我們的身體。

攻擊神經系統導致呼吸衰竭

多數毒蛇的毒素成分屬於神經毒素。神經毒素會干擾神經訊號的傳遞，使得受神經支配的肌肉無法正常活動。我們的肺部也是需要肌肉才能運作，所以中毒後不僅是手腳不能活動，嚴重的話可能會無法呼吸。

被毒蛇咬傷的處理方式

被毒蛇咬傷時，請盡可能的在不移動身體的狀態下前往醫院，因劇烈移動會導致毒素迅速蔓延全身，要特別注意。如無法迅速抵達醫院，可使用毛巾在綁住傷口接近心臟的位置，藉此延緩毒液擴散。

了解更多 蛇在本質上是很穩定的生物，並不會主動攻擊人類。

水銀為什麼對人體有害呢？

(關於水銀)

水銀雖然是相當便利的金屬，但同時也是對人體及環境有害的物質。

這樣就懂了！ 3 個大重點

水銀雖使我們的生活變得便利，但也相當危險

水銀和鐵跟鉛不同，是 20°C時就會變成液體的金屬。水銀被使用在燈管還有舊式的溫度計，雖然非常便利，但是會造成環境污染且對人體有害。

水銀對人體的影響

水銀的正式名稱為「汞」，又分為「無機汞」及「有機汞」。雖兩者都相當危險，但有機汞的傷害更大。有機汞會破壞體內的神經系統使其無法運作，與蛇毒、蜂毒近似。

世界歷史上的水銀事件

1970 年代的伊拉克，曾發生使用有機汞消毒的小麥製作麵包販售，造成食用者 400 人以上死亡的事件。在 1956 年的日本熊本縣水俁市，也曾出現工廠恣意排放有機汞，導致吃了在排放孔附近魚類的居民得到「水俁病」。

了解更多 在日本古代時期，水銀曾被當作化妝品使用。

毒菇的種類有哪些呢？

(關於毒菇)

毒菇的種類有很多，誤食後可能會引發幻覺或是腹瀉等症狀。

這樣就懂了！3 個大重點

藉由動物實驗了解毒香菇的毒性成分

毒菇的種類有很多，還有多少種毒菇、含有什麼成分，到目前為止還有很多未解的謎題。但已知的是與動物的毒液不同，毒菇的毒大部分為多種毒素混合而成。

關於毒菇

日本代表性的毒菇是豹斑鵝膏，誤食後約 30 分鐘就會出現肚子痛、嘔吐、拉肚子、出汗、心跳加速等症狀。但大部分 1 天就會恢復。

各種毒菇的毒性及作用

裸蓋菇屬的毒菇含有大量的賽洛西賓，會引起幻覺以及精神錯亂。而墨汁鬼傘中的鬼傘素（Coprine）與酒共食時，會引起嚴重的酒醉反應。另外，還有會導致白血球減少的單端孢霉烯、造成出汗及血壓下降的毒蕈鹼等，種類多不勝數。

了解更多 日本的香菇種類約有5000種，但誤食會有生命危險的毒菇並沒有那麼多。

血液是在體內哪裡製造的呢？

（ 關於血液 ）

血液由骨頭裡的「骨髓」製造。

這樣就懂了！ **3** 個大重點

骨髓24小時不眠不休製造血液

血液中有紅血球、白血球、血小板等血球（細胞成分），以及被稱為血漿的液體。而血液由骨頭中叫作「骨髓」的地方，每天不間斷的製造而成。

血液由「頭蓋骨」等骨頭製造

並不是所有的骨頭都會製造血液，成人的血液是由保護頭部的「頭蓋骨」、保護心臟及肺的「肋骨」地方，還有保護胸部的「胸骨」製造。但是如果是小嬰兒的話，大部分的骨頭都可以製造血液喔。

血液是有壽命的

血液雖不是每天都會換新，但還是有使用期限的。如果是體重 50 公斤的人，據說每 4 個月所有的血液就會更新一輪。這些已經到使用期限的血液，會混合著尿液或糞便一起排出體外。

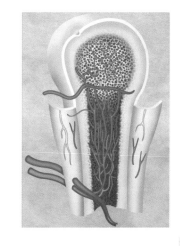

了解更多 負責製作血液的骨髓是像海綿一樣的組織。

紅血球在體內負責什麼工作呢？

(關於紅血球)

將氧氣運送到人體的各個角落，並將不需要的二氧化碳送走。

這樣就懂了！3個大重點

紅血球柔軟可變形，像是穿梭在人體的運輸公司

紅血球在血液裡佔 45%，能將氧氣送至身體各個角落，並收集人體體內排出的二氧化碳，就像人體內的運輸公司。紅血球呈圓盤狀，當經過較窄的血管時會變得細長，通過後則會恢復原狀。紅血球的壽命約 120 天。

紅血球中的血紅素讓血液看起來是紅色

我們的血液看起來是紅色的，是因為紅血球中有個紅色的蛋白質叫做血紅素。血紅素經過動脈時呈現的是鮮紅色，通過靜脈時則是變成暗紅色。當運送的氧氣含量高的時候，顏色就會比較鮮艷喔。

紅血球不足會導致貧血等症狀

當缺乏紅血球時，細胞會缺乏氧氣，而引起呼吸困難、心悸、暈眩等貧血的症狀（第380頁）。相反，當紅血球過多時，則可能有臉部泛紅、頭痛等情況產生。

了解更多　貓熊、章魚、烏賊的血液是藍色的喔！

白血球在體內負責什麼工作呢？

(關於白血球)

白血球保護身體免於細菌或病毒的傷害！

這樣就懂了！ **3** 個大重點

白血球像變形蟲一樣移動巡邏

在人體裡像變形蟲邊巡邏邊活動的就是白血球。當發現細菌或病毒時，白血球就會跑出血管與之對戰，並且會通知其他細胞身體被異物入侵了，一起守護人體的安全。

白血球擅長團隊合作！

白血球有嗜中性球（第 284 頁）、淋巴球（第 385 頁）、單核球（第 386 頁）等幾種。他們散佈在人體中但互相保持聯繫，擅長團體對抗。

白血球藉由增生抵禦敵人

與在血液中占了快一半的紅血球相比，白血球數量才佔血液不到 1%，非常的少。但是在需要戰鬥的時候，白血球會增生以利與敵人對抗。白血球的壽命依照種類的不同，從數小時、數天、到數年不等。

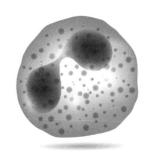

了解更多 傷口流的「膿」，是和細菌戰鬥後的白血球殘骸喔。

身體網絡

「血液」之週

一 二 三 四 五 六 日

血小板在體內負責什麼工作呢？

關於血小板

血小板在血管受傷時會覆蓋傷口，進行止血。

這樣就懂了！ 3 個大重點

附著於血管破裂處，相互接合進行止血

血小板的工作，是覆蓋血管受損的部位進行止血。當血管受傷時，相較之前的圓管構造，血管整體會變得不平整。血小板這時便會即時附著，並緊密貼合於受傷的部位，進行止血。

血小板是由骨髓中的細胞脫落而成

血小板是由被稱為血液工廠的骨髓中「巨核細胞」脫落而成。它的大小比紅血球小，壽命大約是十天左右。

分成兩階段止血！

止血的過程大致分成兩階段，血小板聚集於傷口處先把血止住，這是「一次止血」。在這之後會分泌被稱為纖維蛋白的蛋白質，將血小板牢牢的固定住，進行「二次止血」，完成止血的工作。

| 紅血球 | 白血球 | 血小板 |

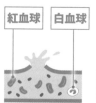

①血管破裂出血

②血小板會往破裂處聚集

③纖維蛋白會形成網狀結構，血球聚集凝固

④形成凝血塊，進行止血

了解更多 因為血小板非常小，當沿著管壁流動時可以迅速發現血管破裂等異狀。

腦器 五感 機能 身體動態 疾病 身體網絡

血漿是什麼呢？

(關於血漿)

血漿是血液中液體的部分，負責將水分、糖分等營養運送到身體各處。

這樣就懂了！ **3** 個大重點

血漿大部分由水組成，是半透明的液體

血液中接近一半是由液狀的血漿組成。血漿 90% 是水分，剩下 10% 則是蛋白質、葡萄糖等人體細胞不可或缺的物質。血漿顏色是透明的淡黃色。

運送氧氣以外的重要養分

紅血球的工作是運送氧氣，血漿則是負責將氧氣以外的營養送達人體的各個角落。除了水分、糖分及鹽分外，還會輸送用以調整人體身體狀態的物質（賀爾蒙）等，並將不需要的東西帶走排除。

具有調節體溫的作用

血漿也可調節體溫。透過把體內的熱氣帶向外部，讓體溫維持在一個剛剛好的平衡。

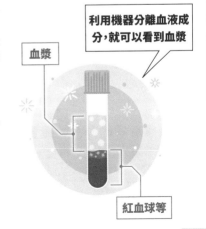

利用機器分離血液成分，就可以看到血漿

血漿

紅血球等

了解更多 當血小板對傷口進行止血的工作時，血漿中的蛋白質也會一起出動！

你曾有血液混濁的經驗嗎？

（ 關於高血脂症 ）

當血液中的膽固醇及三酸甘油酯超標，血液就會變得混濁。

這樣就懂了！ 3 個大重點

不可過度食用肉類料理，另外太油太甜的食物也要小心

當血液中含有過多的膽固醇及三酸甘油酯，平常乾淨的血液也可能變得混濁，這樣的狀態被我們稱為「高血脂症」。食用過多的肉類料理、吃得太油或是吃了過多的甜食、運動不足等，都可能是造成高血脂的原因。

血液混濁的狀態各式各樣

混濁的血液也有不同的狀態。若是因紅血球聚集在一起的血塊造成混濁，血液是濃稠的。若是因白血球聚集在一起並附著在血管壁上，血液則是黏黏的。如是因過度攝取糖份，使得血小板更容易聚集的話，血液則會有粗糙的感覺。

要保持血液的乾淨，飲食及運動非常的重要

每日的飲食對於維持血液的乾淨非常的重要。不只是吃肉，也多試試青菜、亮皮魚、海藻、納豆等食材吧。為了燃燒不必要的脂肪，也別忘了提醒自己好好散步、好好運動喔。

濃⋯⋯

稠⋯⋯

了解更多 濃稠的血液可能會引起動脈硬化（第104頁）。

血型的差別在哪裡呢？

(關於血型)

A型、B型、O型、AB型的差別
在紅血球的型態。

這樣就懂了！ 3 個大重點

依「A抗原」和「B抗原」決定血型

我們一般所知的 ABO 血型系統，是以紅血球上的「A 抗原」和「B 抗原」存在與否來決定血型。A 型的人紅血球上有「A 抗原」、B 型的人則是有「B 抗原」、AB 型的人兩種抗原都有、O 型的人則是兩種抗原都沒有。我們血型就是靠這種方式區別的。

輸血時血型需相同

當受傷嚴重失血過多時，需要透過其他人的血液進行支援，這就是「輸血」。輸血時一定要使用相同血型的血液，如果輸入不同血型血液的話，血管中會產生凝集反應，可能危及性命。

日本人中A型血佔大宗

日本人的血型佔比中，A 型佔 40％、O 型佔 30％、B 型佔 20％，剩下的 10% 是 AB 型。在美國及拉丁美洲則是 O 型的人居多，在墨西哥約 80% 的人是 O 型，印度及巴基斯坦即是 B 型的人最多。

紅血球的種類

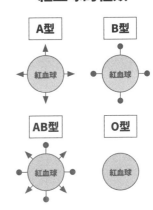

右側邊欄：腦．臟　五感　機能　身體動態　疾病　身體網絡

了解更多 大多數的動物也有血型喔。舉例來說日本的貓咪大多是A型。

為什麼我們每天都需要睡覺呢？

關於睡眠的重要性

睡眠可以幫助大腦及身體進行檢查及修復。充足睡眠是為了明天做好準備。

這樣就懂了！ 3 個大重點

沒有良好的睡眠就容易生病

睡覺時，我們的大腦及內臟會一起進入休息的狀態，並同時製造對抗病原菌的細胞。所以當睡眠不足就比較容易得到傳染病等疾病喔。

沒睡飽頭腦不會好！

睡覺時，大腦會整理並記憶白天吸收的知識。如果沒有好好睡覺，不管多努力讀書也是記不太起來的喔。而且在睡覺時，人體會分泌生長激素，好好睡覺才會長高。

我們需要多長的睡眠時間呢？

雖然每個人需要的睡眠時間不大一樣，但成人約需 7～8 個小時，小孩的話則需要 9 個小時左右。但是日本人平均睡眠時間大約是 6 個半小時，不少人有睡眠不足的狀況。就算是成人也要好好睡覺喔。

了解更多 不睡覺的世界紀錄保持者是位美國的高中生，他曾經11天（264小時）沒有閤眼。大家可不要模仿啊！

臟器 五感 機能 身體動態 疾病 身體網絡

快速動眼期睡眠及非快速動眼期睡眠哪裡不一樣呢？

關於淺層及深層睡眠

快速動眼期睡眠是淺層睡眠，非快速動眼期睡眠則是深層睡眠。

這樣就懂了！ **3** 個大重點

睡眠期以90～120分鐘為單位進行輪替

身體會在睡眠時休息，但大腦並不是一直處於休息的狀態。在淺層睡眠的快速動眼期，大腦是醒著的；在深層睡眠的非快速動眼期，大腦才會休息。兩種睡眠以每 90 ～ 120 分鐘左右交替活動。而我們只有在快速動眼期才會做夢。

睡覺時大腦也在工作

在快速動眼睡眠時，大腦會整體收集到的訊息，紀錄記憶、情感等資訊，並將不需要的資訊刪除。非快速動眼睡眠時，大腦則會分泌生長激素，進行肌膚及細胞修復等作業，並為隔天需要的能量做準備。

鬼壓床是因為遇到鬼了嗎？

鬼壓床（正式名為睡眠癱瘓）是在睡眠的快速動眼期發生的現象。也聽過「枕邊站了不認識的婆婆」或「腳被不認識的阿伯拉住了」這些說法。但鬼壓床並不是真的遇到鬼或是幽靈喔，而是把現實與夢境混淆才會有的錯覺（可能吧）。

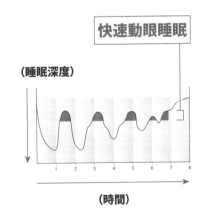

快速動眼睡眠

（睡眠深度）

（時間）

了解更多 受到遺傳影響有些人較常有鬼壓床的狀況。

我們為什麼會產生睡意呢？

(關於睡意)

疲勞時體內的生理時鐘會引起睡意！

這樣就懂了！ 3 個大重點

誘發睡意的機制

出遊或是認真讀書後，常會有很睏很睏無法克制的睡意襲來，這是因為身體感到疲倦而引起的睡意。但如身體沒有感到疲勞，一到晚上的時候，我們還是會想要睡覺，這就是受到生理時鐘（第 377 頁）的影響。

人體裡「看不見的時鐘」

我們的身體已經記憶了準備睡覺及起床的時間，這就是生理時鐘。只要在固定的時間睡覺，時間一到，睡意就會湧現告訴你該休息了。

為什麼燈光變暗就會想睡呢？

生理時鐘會受到光線的影響，這是因為人體會分泌褪黑激素的緣故。當我們照射到陽光等光線時，體內的褪黑激素會減少；變暗時，褪黑激素則會增加。褪黑激素的增加會讓人產生睡意，這就是為什麼一到晚上我們就會想睡覺的原因了。

好想睡

了解更多 褪黑激素被當作安眠藥販售，被認為是處理時差問題的好方法。

我們為什麼會打哈欠呢？

(關於哈欠)

打哈欠是為了吸入空氣藉此降低大腦溫度。

這樣就懂了！ **3** 個大重點

打哈欠是大腦自動調節溫度的機制

當我們想睡、疲倦或是無聊的時候都會打哈欠。這就是大腦溫度上升的最佳證據。人體利用打哈欠吸入的空氣替大腦降溫。

就算不想睡也會打哈欠

我們不只在想睡或是疲倦的時候會打哈欠。你是否有過在被老師責罵時，或是考試前打哈欠的經驗嗎？那是因為緊張及感受到壓力的時候，會讓我們大腦的溫度上升，所以才會打哈欠喔。

哈欠真的會傳染嗎？

大家有看到朋友打哈欠，然後自己也跟著打哈欠的經驗嗎？另外，像是想到哈欠、看到跟哈欠有關的電視節目或是書籍，也可能會讓人跟著想打哈欠。這是因為我們大腦中的一個區塊，在感受到對方的情緒及態度時，會產生共鳴而做出相同的動作。

了解更多 稍微比體溫高一點點的37℃是讓大腦感到最舒適的溫度。

我們為什麼會說夢話呢？

(關於夢話)

在兩種不同的睡眠時期會
說出不一樣的夢話喔。

這樣就懂了！ **3** 個大重點

快速動眼睡眠及非快速度眼睡眠說出來的夢話是不一樣的

在快速動眼睡眠時，因全身肌肉處於放鬆的狀態，喉嚨及嘴巴的肌肉也無法確實動作，所以說出來的夢話會含糊不清。但是剛開始進入非快速動眼睡眠時，夢話就會說得很清楚了喔。

我們說夢話時使用的大腦部位和清醒時是相同的

不管是睡覺時說夢話，或是清醒時的對話，都是使用大腦中「語言區」這個區塊喔。

夢話可能是疾病的徵兆

雖然平時不需過度擔心，但如果不停的說夢話就可能是疾病的徵兆了。當會發出大的聲音、尖叫、站起來隨意走動等等，都可能是快速動眼期睡眠行為障礙，或是帕金森氏症的徵兆。如有疑慮要盡快就醫喔。

了解更多 回應夢話會使得睡眠變淺，所以還是不要回應好了。

為什麼吃東西後會想睡覺呢？

關於血糖及睡意

血糖快速上升後又快速下降，使我們產生睡意。

這樣就懂了！ 3 個大重點

如果血糖上升後馬上下降，就會產生睡意

進食後血糖（第 381 頁）會上升。這時胰臟會分泌被稱為胰島素的賀爾蒙，用以降低血糖。但當血糖瞬間下降後，睡意便會隨之而來。這被稱為「血糖激增（Blood Sugar Spike）」。

相反的，為什麼空腹時會睡不著呢？

肚子空空的會睡不著，還有人半夜因為肚子太餓就醒來了。這是因為當我們空腹時，大腦會分泌使人清醒的激素「下視丘泌素」，這個激素會激活身體運作，使得睡意全消。

空腹的野生動物是最強的獵食者

當下視丘泌素使大腦變得更加清醒時，集中力也會同步提升。這時因交感神經亢奮，也會使得運動能力變好。野外的肉食性動物就是在這樣的機制下強化體力，進行捕獵。

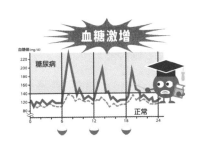

血糖激增

血糖值(mg/dl)
糖尿病
正常

了解更多　當血糖急遽下降，可能會有嗜睡、頭痛、想吐，甚至昏迷等狀況發生。

為什麼睡覺時會翻身呢？

（ 關於睡覺翻身 ）

翻身是人體避免血液堆積在同一側的防護機制。

這樣就懂了！ **3** 個大重點

睡覺翻身是為了確保血流順暢

心臟在我們睡覺時一直不眠不休的工作，這樣血液才能在我們身體流動。但如持續維持相同姿勢，血液容易蓄積在同一個地方，再加上身體的重量，就可能導致血管破裂或血流不順等狀況。所以，為了確保血流順暢，翻身是必要的機制。

什麼時候會翻身？會翻幾次呢？

我們一晚翻身的次數，會受到睡眠時間及季節（夏季較難以入睡）等影響，但大約是 20～30 次左右。翻身的時間點，多在快速動眼睡眠（淺層睡眠）及非快速動眼睡眠（深層睡眠）交替活動的時候。

無法翻身可能會造成「褥瘡」

如果無法翻身，一直維持相同姿勢，嚴重的話因血流不佳可能導致皮膚出現凹洞，這就是「褥瘡」。身體健康的人基本上不太需要煩惱，但如果因生病或受傷而無法翻身時，就不得不特別注意了。

了解更多 對從事看護工作的人來說，「協助翻身」是相當重要的工作事項。

臟器　五感　機能　身體動態　疾病　身體網絡

頭髮的組成是什麼呢？

(關於頭髮的成分)

頭髮是由皮膚的「角質」變化而成。

這樣就懂了！ 3 個大重點

頭髮一年可長10公分以上

我們的頭皮覆蓋著細長的頭髮。頭髮一年可增長 10 公分以上，長一點的頭髮即使經過六年還是會持續變長。頭髮的根部（髮根）在胎兒時期就已經製造完成，髮根的數量從出生後就不會再改變了。

頭髮有3層

頭髮分為「表皮層」、「皮質層」、「髓質層」3 層。最外側的表皮層又稱為「毛鱗片」，是由半透明的蛋白質像鱗片一般堆疊而成，用以保護頭髮內部的構造。

富含能決定髮色的黑色素

位於毛鱗片下方，是頭髮組成中佔比最多的皮質層。皮質層富含能決定髮色的黑色素。頭髮的中心則是髓質層，髓質層是像胎毛一樣很細的毛髮。

〈頭髮斷面圖〉

皮質層富含決定髮色的黑色素

皮質層

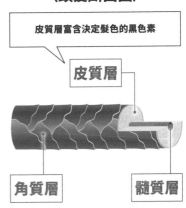

角質層　　髓質層

器官

五感

機能

身體動態

疾病

身體網絡

了解更多 每個人的頭髮數量雖略有不同，但大約都在10萬根左右。

頭髮是怎麼長出來的呢？

關於頭髮的毛細胞

髮根有可不斷分裂增殖的毛基質細胞。

這樣就懂了！ **3** 個大重點

每天都會有新的細胞從髮根誕生

頭髮就是死掉的細胞，但是死掉的細胞為什麼還會變長呢？很不可思議對吧。這是因為位於髮根膨大處的毛囊球中，聚集了有生命的毛基質細胞，毛基質細胞會每天不斷的分裂，製造新的細胞。

由「毛乳頭」發出指令

毛囊球內部的毛乳頭會提供毛基質細胞營養，使其能持續健康的分裂增生。毛乳頭中有微血管通過，在接收到營養後，毛乳頭會將營養傳遞給毛基質細胞，藉此促進細胞分裂。

受到新的細胞推擠，向上伸長

接收到毛乳頭養分的毛基質細胞會持續分裂，增加的細胞會不斷的受到新生細胞推擠向上延伸，直到凸出肌膚表面。所以我們的頭髮才會變長喔。

〈頭髮生長週期〉

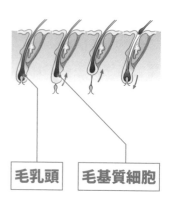

毛乳頭　毛基質細胞

了解更多 頭髮一天大概長0.2～0.3公釐，一個月大概會長1公分左右。

直髮跟自然捲哪裡不一樣呢？

（ 關於自然捲 ）

> **兩者的差異在頭髮內蛋白質排列方向及包覆髮根的毛囊方向不同。**

這樣就懂了！ 3 個大重點

頭髮內的蛋白質相連

頭髮的結構分三層。在中間佔頭髮大部分組成的的皮質層中，有線狀的蛋白質會與鄰近的蛋白質相互連接，決定毛髮的生長方向。

皮質層中的蛋白質排列方式不同

直髮與自然捲的人，在皮質層中的蛋白質排列方式不同。另外，如包覆髮根的毛囊扭曲，也會使頭髮較容易產生波浪彎折。

可用藥水切斷頭髮內連結，改變形狀

有些人會想將直髮燙捲，燙捲使用的藥水有兩種。首先，使用藥水切斷頭髮內蛋白質的連結，使頭髮變得易於塑形。之後將頭髮捲起來，使用第二種藥水修復蛋白質連結，藉此打造出波浪般的髮型。

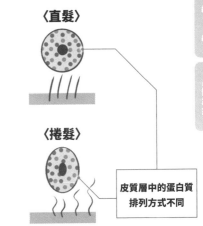

〈直髮〉

〈捲髮〉

皮質層中的蛋白質排列方式不同

了解更多 潤絲精可強化修復頭髮表面的毛鱗片，使頭髮變得柔順。

為什麼隨年紀增長頭髮會變白呢？

（ 關於白頭髮 ）

因製造黑色素的黑色素細胞衰退，頭髮就無法變黑了。

這樣就懂了！ 3 個大重點

剛長出的頭髮是白色的

頭髮由位於髮根的「毛基質細胞」製造。毛基質細胞剛製造出來的頭髮其實是白色的。那為什麼頭髮會是黑色的呢？那是因為新生的白髮被加上黑色素的緣故。

頭髮不再變黑了

毛基質細胞周圍有黑色素細胞製造黑色素，當足量的黑色素傳遞給毛基質細胞時，頭髮就會變黑。而隨著年紀增長，黑色素細胞的機能會減弱，當製造的黑色素減少時頭髮就無法變黑。

白髮並非只受到年齡影響

黑色素細胞機能衰退並非只受到年齡的影響，當營養缺乏、睡眠不足、生病時，黑色素細胞的機能都會衰退，白頭髮也會因此變多。

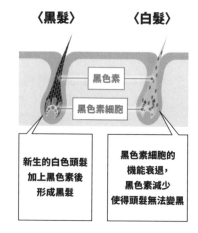

〈黑髮〉　　　〈白髮〉

黑色素

黑色素細胞

新生的白色頭髮加上黑色素後形成黑髮

黑色素細胞的機能衰退，黑色素減少使得頭髮無法變黑

臟器
五感
機能
身體動態
疾病
身體網絡

了解更多 外國人天生金髮是因為頭髮中黑色素含量較少的緣故。

為什麼長大後會長出腋毛呢？

(關於體毛)

當男性荷爾蒙及女性荷爾蒙大量分泌，就會長出體毛。

這樣就懂了！3 個大重點

體態會在分泌荷爾蒙後發生改變

進入青春期後，腋下及陰部周圍會長出腋毛及陰毛。男生還會長出鬍子，這些都是屬於第二性徵。男生因為男性荷爾蒙、女生因為女性荷爾蒙的分泌，體態會變的更加男性及女性化。

為了吸引異性注意

為什麼只有腋下或是陰部周圍會長出毛髮呢？其實這個問題還沒有明確的答案呢。但有一個說法是因體味的根源汗腺（頂泌汗腺）集中於腋下及陰部，當有毛髮的部位出汗時，會發出強烈的體味藉此吸引異性。

體毛是為了保護重要的身體部位

腋下是皮膚與皮膚間摩擦的位置、陰部則多為黏膜組織，體毛可以保護這些重要的部位。

> **男性荷爾蒙、女性荷爾蒙增加**
>
> ↓
>
> **長出腋毛及陰毛**
> (第二性徵)

了解更多 睫毛可避免異物進入眼睛，眉毛則是為了阻擋汗水而存在。

153

AGA
雄性禿
是什麼呢？

（ 關於雄性禿 ）

**AGA是種隨著年紀增長
頭髮日漸稀疏的疾病。**

這樣就懂了！**3**個大重點

頭髮的成長期變短了

我們的頭髮的週期會從細胞分裂開始長出頭髮的「成長期」、到成長停滯的「退化期」及脫落的「休止期」。當週期中的成長期變短，頭髮無法長得健全、掉髮問題也變得嚴重，這就被稱為 AGA。

頭頂周圍的毛髮稀少

患有 AGA 會使得頭髮變細且落髮變多，額頭上側及頭頂特別容易有髮量稀少的狀況。而且範圍還會逐漸擴大。

AGA易受遺傳影響

AGA 又稱為「雄性禿」，據說和男性荷爾蒙息息相關。另，目前已知 AGA 易由父親遺傳給小孩。因此，如父親髮量稀少的話，孩子也較可能有相同的狀況。

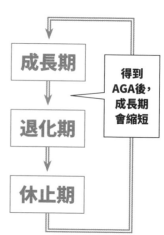

成長期

退化期

休止期

得到
AGA後，
成長期
會縮短

了解更多 AGA不只是男生，女生也可能得到。

為什麼會發生圓形禿呢？

(關於脫毛症)

保護身體的免疫機制出了問題，使髮根受損。

這樣就懂了！ 3 個大重點

頭髮突然脫落形成圓形禿塊

頭髮突發性的掉落，使頭上出現圓形的禿塊，這就是圓形禿。這是大人、小孩都有可能得到的疾病。患有圓形禿的人中，約四分之一年齡在 15 歲以下。

免疫破壞髮根

「免疫系統」是協助人體打敗外來入侵的防護機制（第 44 頁）。圓形禿就是免疫不小心錯誤地擊髮根的部分（毛囊），導致受攻擊的區塊沒有頭髮。

疲勞及壓力是誘發圓形禿的原因之一

目前還不清楚為什麼免疫系統會攻擊毛囊。但疲勞時或感受到壓力時，較容易發生圓形禿的狀況。另外，圓形禿也和遺傳息息相關。

> **一直長在頭上的頭髮突發性的掉落，使頭上出現圓形的禿塊**

了解更多 嚴重的圓形禿，可能會讓整頭的頭髮包含眉毛、睫毛、體毛都出現脫毛的狀況。

胃在體內負責什麼工作呢？

(關於胃的作用)

胃負責儲存食物，並利用酸性的胃液將食物消化成黏稠狀。

這樣就懂了！ 3 個大重點

胃在裝入食物後，可變大30倍左右

胃成袋狀，就像英文字母 J 一樣。胃裡沒裝東西的時候，跟棒球差不多大（約50 毫升），但當有食物進入胃部，就會變大又變寬，一次可以裝下 1.2 ～ 1.6 公升的食物。這也是為什麼我們在大量進食後，腹部會鼓鼓的原因。

胃變大的原因

接續胃的下一個消化器官是小腸，小腸是一條細細的管子，沒有辦法一次讓太多食物進入。所以，胃會邊消化邊暫時儲存食物，直到小腸準備好為止。

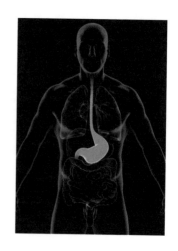

負責將食物變成容易被吸收的狀態

人體無法直接吸收肉類的蛋白質，所以必須透過胃酸這種強酸，將蛋白質轉換成可吸收的胺基酸，並把食物變成濃稠的食糜狀後，再送到小腸。

了解更多 消化年糕需花費2個半小時，消化牛排則需花費4小時左右。

胃酸的組成是什麼呢？

（ 關於胃酸 ）

胃酸主要的成分，是分解蛋白質的胃蛋白酶以及用來殺菌的鹽酸。

這樣就懂了！ 3 個大重點

胃液會在進食時分泌

當聞到好聞的味道或有食物進入胃裡時，胃才會分泌胃液。吃飯時大概會分泌 500 ～ 700 毫升的胃液，一天分泌的胃液量約是 2 公升左右。

胃液可將蛋白質變成胺基酸

蛋白質是我們人體運作必備的營養，但因蛋白質的分子較大，無法直接被人體吸收，須透過富含消化酵素「胃蛋白酶」的胃酸協助，將蛋白質分解成小分子的胺基酸。

胃液也具有殺菌的功效

胃液是富含鹽酸的強酸，可以殺死在食物中的細菌，以及進入人體的病毒等，也具備防止食物腐敗的功能喔。

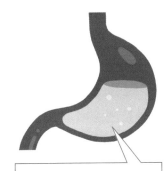

一天分泌的胃液竟可達到2公升！

臟器
五感
機能
身體動態
疾病
身體構造

了解更多 胃液的胃酸強度甚至可以腐蝕鐵釘。

為什麼胃不會被胃酸侵蝕呢？

（ 關於胃的防護 ）

胃中有被稱為黏蛋白的黏液形成的屏障，可以保護胃壁不受胃液的傷害。

這樣就懂了！ 3 個大重點

分泌濃稠黏液的自我防護機制

胃液是可以消化肉類甚至腐蝕鐵釘的強酸，但是很不可思議的是，胃並不會被胃酸腐蝕，這是為什麼呢？這是因為胃壁表面被一層濃稠的黏液覆蓋，可保護胃壁不直接接觸胃酸，所以我們的胃才不會被胃酸侵蝕喔。

可中和胃酸的蛋白質——黏蛋白

胃酸是強酸，如果直接接觸皮膚可能會造成潰爛。因此，胃會分泌被稱為黏蛋白的蛋白質，藉此中和胃酸，讓胃壁與其接觸的部分呈弱酸性。這是胃部避免受到胃酸傷害的自我防護機制。

眼淚及唾液中也含有黏蛋白

黏蛋白不只存在胃液中，眼淚、唾液、腸液等我們全身的黏液都含有黏蛋白。黏蛋白除了可防止黏膜受損外，還有保濕的功效。

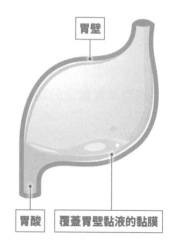

胃壁

胃酸　覆蓋胃壁黏液的黏膜

了解更多 日本人的主食多為較好消化的食物，因此胃的形狀比歐美人細。

胃潰瘍
是什麼呢？

（ 關於胃潰瘍 ）

胃潰瘍是胃不小心
被胃液侵蝕導致的疾病。

這樣就懂了！ **3** 個大重點

當保護胃的黏液減少，胃壁便會被胃酸侵蝕

健康的胃因為受到富含黏蛋白的黏液保護，胃壁並不會受到胃液的侵蝕。但當被幽門螺旋桿菌感染後，會使胃部的黏液減少，胃液就會對胃壁造成傷害。

患有胃潰瘍時，空腹時會更加疼痛

胃潰瘍時，上腹部及胸口周圍會持續感到疼痛。且空腹時疼痛的感覺會越更加明顯。另外，還會有想吐、胸灼熱的症狀，嚴重的話可能會有出血造成黑便的情形。

胃潰瘍多因幽門螺旋桿菌造成

大部分胃潰瘍是受到幽門螺旋桿菌（第 162 頁）感染導致。服用止痛藥、壓力及抽菸等習慣會造成胃部機能衰弱，也更容易得到胃潰瘍。

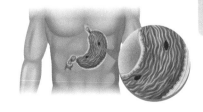

臟器

五感

機能

身體動態

疾病

身體構造

了解更多 隨著治療幽門螺旋桿菌的治療方式普及，患者人數已下降至1993年時的約四分之一。　159

臟器

五感

機能

身體動態

疾病

身體網絡

我們為什麼會嘔吐呢？

關於噁心的感覺

當疾病等原因刺激了腦部的嘔吐中樞時，引起噁心想吐的感覺。

這樣就懂了！ **3** 個大重點

當嘔吐中樞受到刺激，就會有反胃的感覺

當進到胃部的食物被吐了出來，就稱為「嘔吐」。受疾病影響，大腦中的「嘔吐中樞」受到刺激，會向胃發出「吐出來」的指令，這時候人體就會想要把胃裡的食物排出體外。

腸胃不適是造成嘔吐的主因

你是否有因吃太多、肚子痛或是感冒等疾病，而感到想吐的經驗呢？最常見是因腸胃不適刺激嘔吐中樞造成。另外，當攝入對人體有害的物質時，也會引起噁心想吐的感覺。這也是為什麼過量飲酒後會嘔吐的原因。

味道、電影等也可能使人覺得噁心不適

當聞到強烈的氣味，或是看到令人感覺不舒服的電影畫面時，都可能刺激嘔吐中樞。

了解更多 嘔吐會造成人體水分流失，所以嘔吐後需要大量補充水分喔。

為什麼吃東西後馬上跑步會肚子痛？

（ 關於腹痛 ）

血液流向肌肉提供運動時所需的養分，導致消化需要用到的血液量不足，造成腹痛。

這樣就懂了！ 3 個大重點

胃及腸道消化時需要大量的血液

在吃飯過後，為了進行消化，胃及腸道會需要比平時更多的血液支援。但如果在這個時候進行激烈運動，血液會往肌肉集中，導致身體中的血液量不足。

為了運送血液，脾臟會收縮

當體內血液量不足，負責分解老舊血液中紅血球的脾臟，會透過收縮將血液送出。這時脾臟所在的左腹便會感到疼痛。

血液量不足可能引起腸胃痙攣

當消化所需的血液量不足時，腸胃便會引起痙攣。而周圍神經會誤把痙攣當成疼痛，並對大腦發出訊號，因此這時側腹就會感到疼痛了。

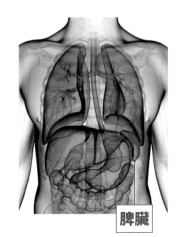

脾臟

了解更多 跑步時，囤積在腸道中的氣體跟著晃動，進而壓迫到周圍的神經，這也是飯後跑步引起腹痛的另一個原因。

幽門螺旋桿菌是什麼細菌呢？

(關於幽門桿菌)

幽門桿菌是住在胃裡的細菌，並會引起許多不同的疾病。

這樣就懂了！ **3** 個大重點

幽門桿菌即便在可融化鐵釘的強酸胃液中，依然可以生存

幽門螺旋桿菌是可存活在胃裡的細菌，可簡稱為幽門桿菌。大部分的細菌到胃時會因強酸融化，但幽門桿菌在這樣環境下依然可存活。

年紀越長，感染的人越多

幽門桿菌多從飲食或飲水進入人體，直到胃還沒有發育完成的五歲前都有可能感染。胃裡有幽門桿菌的比例，20 多歲約 15％、40 多歲約 35％，但到了 60 歲以上佔比就提升到 60％ 以上了。

是造成許多疾病的原因

胃裡長期有幽門桿菌的話，會使得胃黏膜受到傷害，導致得到胃潰瘍或是胃癌等疾病的風險升高。

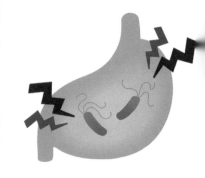

了解更多 「幽門螺旋桿菌（Helicobacter pylori）」和直升機（helicopter）的語源都是helico（螺旋）。

骨骼的組成是什麼呢？

(關於骨頭成分)

骨頭由膠原蛋白組成。

這樣就懂了！ **3** 個大重點

骨骼由礦物質及膠原蛋白組成

骨頭由礦物質鈣、磷，還有被稱為膠原蛋白的蛋白質組成。以鋼筋水泥建築物舉例來說，鈣及磷就像是堅固的水泥構造，膠原蛋白則是有彈性的鋼筋。

骨密度及骨質決定骨頭強度

骨骼的強度由「骨密度」（鈣及磷的含量）及「骨質」（膠原蛋白的質量）兩部分決定。如鈣及磷的含量減少，會使骨密度降低，骨骼間的空隙變多。如膠原蛋白的質量不佳，會使骨骼強度減弱，就像是鋼筋生鏽一樣。

骨密度會隨年齡增長產生變化

骨密度在 20 歲時是巔峰，狀態會持續到 50 歲左右。但目前已知當年過 50 後，骨密度就會突然下降。

骨骼由礦物質及
膠原蛋白組成

膠原蛋白

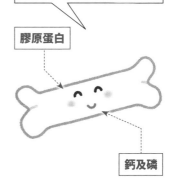

鈣及磷

了解更多 骨骼是鈣的倉庫，當血液中的鈣不足時會藉由分解骨骼提取鈣質。

骨骼裡有什麼細胞呢？

(關於骨骼細胞)

骨骼中有製造骨頭的「成骨細胞」
以及破壞骨頭的「蝕骨細胞」。

這樣就懂了！ 3 個大重點

每天都會製造新的骨頭！

「蝕骨細胞」溶蝕老化骨骼、「成骨細胞」形成新的骨骼。我們的骨骼每天都會反覆的更新替換並成長，這就是所謂的骨重塑（Bone remodeling）。

骨折復原時的重建機制

骨折時，使用石膏等材料固定並靜養後，骨骼會自動修復。這就是成骨細胞及蝕骨細胞間作用（骨重塑）的結果。

骨骼成長的秘密

成長期的孩童在骨骼的兩端會有「軟骨細胞」聚集，當軟骨細胞增加骨骼就會朝縱向延伸。而在骨骼表面骨膜中的成骨細胞增加時，骨骼會往橫向發展使其變粗。

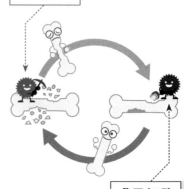

蝕骨細胞

成骨細胞

了解更多 俗語有「一眠大一吋」的說法，因為成骨細胞在睡覺時也相當活躍喔。

人體約有多少塊骨頭呢？

(關於骨骼數量)

成人約有200塊骨頭，嬰兒時期則有300塊以上。

這樣就懂了！ **3** 個大重點

成人後，骨骼會變大且會逐漸連接

隨著身體成長，骨骼也會變大，這時候骨骼間的縫隙會被填滿，原本分開的骨頭就會變成一塊。所以我們的骨頭從嬰兒時期到成人，會由 300 多塊減少至 200 塊左右。

骨骼強壯的秘密

骨骼是由骨質聚集而成的「緻密骨」以及像海綿般的「海綿骨」組成。位於骨骼中心的海綿骨，就像許多柱子的組合，在這樣的結構下，當骨頭受到外部的壓力時較不易骨折。

骨膜的作用

骨骼的表面覆蓋了一層薄薄的「骨膜」。骨膜上有大量的血管及神經通過，可運送養分使骨骼成長茁壯。

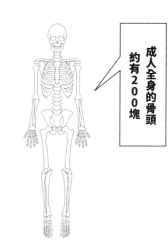

成人全身的骨頭約有200塊

了解更多　人體最大的骨頭是位於大腿的股骨（大腿骨），約40公分。最小的骨頭則是耳朵裡的鐙骨，約3公釐。

頭骨的構造是什麼呢？

（ 關於頭蓋骨 ）

為了保護大腦免於衝擊傷害，頭蓋骨的構造相當堅實牢固。

這樣就懂了！ **3** 個大重點

頭骨像一個堅固的箱子，保護著我們重要的大腦

大腦是人體非常重要的器官，堅固的頭蓋骨用以保護大腦不受傷害。頭蓋骨是由 15 種、23 塊骨頭組成。雖然多數的頭骨都是薄薄的，但中間的接合處很堅固，使頭蓋骨不會移動。

頭骨分為「顱骨」及「顏面骨」 都對維持免疫力很重要

包覆大腦的部分稱為「顱骨」，由額骨、枕骨、蝶骨、篩骨、顳骨、頂骨組成。架構臉部的骨頭「顏面骨」則由鼻骨、顴骨、上頜骨、顎骨、下頜骨等組成。。

小嬰兒的頭部很柔軟？

你知道輕觸小嬰兒的頭部，有個部位會特別柔軟有彈性嗎？這個部位就是「囟門」，也就是前後頭骨的交接處。囟門特別柔軟，是為了讓寶寶更容易從媽媽身體生出來，約 2 歲時便會完全閉合。

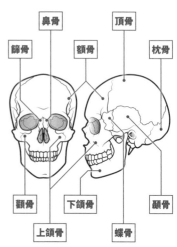

了解更多 頭骨有一部分空洞，能夠減輕頭部的重量。

脊椎的構造是什麼呢？

(關於脊椎)

脊椎由約30塊骨頭連接，支撐我們的頭部及全身。

這樣就懂了！ **3**個大重點

支撐人體的脊椎由五個部分組成

脊椎與頭部相連，負責支撐人體的重責大任。脊椎又稱為背骨。由上而下分別為「頸椎」、「胸椎」、「腰椎」、「薦椎」及「尾骨」五個部分。約由 30 塊骨頭連結而成。

S型的脊椎

脊椎為了支撐頭部的重量以及減緩運動的衝擊，從側邊看來有一個像 S 型的弧度。弧度的構造可以分散重量，減輕肌肉負擔。但當脊椎的形狀崩壞，會導致肩膀僵硬、腰痛等狀況。

脊椎可吸收來自地面的衝擊

「椎間盤」是在脊椎骨和脊椎骨之間像海綿般的構造。椎間盤可以吸收來自地面的衝擊，避免衝擊對大腦造成傷害。

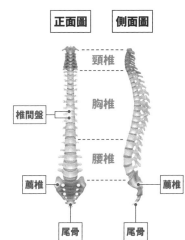

| 正面圖 | 側面圖 |

頸椎

胸椎

椎間盤

腰椎

薦椎　　　薦椎

尾骨　　　尾骨

了解更多 臀部的脊椎是尾骨。出生的時候有5塊，之後會結合成1塊。

肋骨的構造是什麼呢？

（ 關於肋骨 ）

肋骨位在胸部，形狀像鳥籠，負責保護肺部及心臟。

這樣就懂了！ **3** 個大重點

胸廓由胸骨、胸椎及肋骨構成

位於胸腔形狀像鳥籠的骨骼就是胸廓。胸廓環繞肺部及心臟，用以保護兩者不受外部傷害。前方的骨骼稱為「胸骨」、後方的稱為「胸椎」，兩者間則以「肋骨」連接。

柔軟的胸廓

肋骨的英文為 Abarabone。左右各有 12 根（合計 24 根）。由胸椎開始畫一個半圓連接到胸骨，中間則接續了一段柔軟的「肋軟骨」。肋軟骨增加了胸廓的柔軟度，有助於呼吸的動作。

易斷裂的肋骨

事實上肋骨是骨骼構造中較易斷裂的骨骼。因為很細，劇烈的咳嗽也可能導致斷裂。肋骨可以吸收衝擊，減緩對內臟造成的影響。但肋骨骨折時也可能不小心插入肺臟。

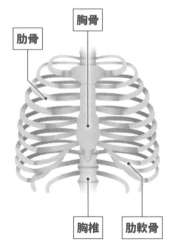

胸骨

肋骨

胸椎　　肋軟骨

了解更多 第11、12根肋骨因沒有連在胸骨上，又被稱為「浮肋」。

骨質疏鬆症指的是什麼呢？

(關於骨質疏鬆症)

骨質疏鬆症是「骨骼強度」不佳，導致易發生骨折的疾病。

這樣就懂了！ **3** 個大重點

骨骼就像菜瓜布一樣充滿孔洞

當破壞老化骨骼的蝕骨細胞活性大於生成新骨骼的成骨細胞時，骨頭內就會像菜瓜布依樣佈滿縫隙。稍不注意骨骼就會變得相當脆弱，跌倒或是咳嗽都可能造成骨折。

維生素D、維生素K不足會導致骨質疏鬆

造成骨骼強度低落的原因除了鈣質不足外，當促進鈣質吸收的「維生素 D」及幫助骨骼生成的「維生素 K」缺乏時也會造成影響。多吃魚類、菇類、納豆等食物會有所幫助。但隨年齡增長，骨骼強度下降是無可避免且容易發生的狀況。

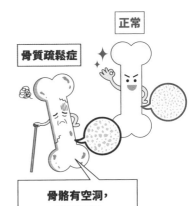

正常

骨質疏鬆症

骨骼有空洞，容易骨折

骨質疏鬆症患者如果發生骨折非常危險

骨質疏鬆症患者較常發生骨折的位置是在大腿根部及脊椎等部位。這些部位的骨折容易造成臥床的狀態，並可能進一步造成血栓（第 103 頁）或因食物不小心跑進氣管引起肺炎（第 77 頁）等狀況。是有可能危及性命的疾病。

了解更多 因骨質疏鬆症並不易發現，又被稱為「安靜的疾病（Silent disease）」。

腦
器

五
感

機
能

身
體
動
態

疾
病

身
體
網
絡

疫苗是什麼呢？

(關於預防針)

由病原體製成的藥物，以達到減少傳染病的發生或減弱其嚴重度的目的。

這樣就懂了！ **3** 個大重點

利用身體原有的免疫功能，達到預防疾病的效果

人體的免疫功能（第 44 頁）會記住曾經入侵的病原體，以便該病原體再次入侵時，可以立即進行抵抗。由病原體製成的疫苗，就是利用免疫的這個特性來預防疾病。

將疫苗打入人體，進行預防接種

大家都有打預防針的經驗吧。當時，針筒中裝的東西就是疫苗喔。接種之後，人體便可製造對抗這個疾病的抗體。雖然不是能百分之百預防疾病，但可以減少得到這個傳染病的機會，或是減輕染病後的症狀。

疫苗有可能會有副作用，但整體來說是利大於弊

接種預防針可能會出現副作用。然而，比起這些副作用，得到疾病後造成的傷害，其實是更大的。

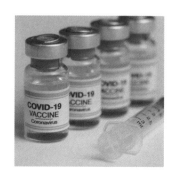

了解更多 即便是現在，仍有許多傳染病是沒有疫苗可預防。

活性疫苗是什麼呢？

關於活性減毒疫苗

將活的細菌或病毒的致病能力削弱而製成的疫苗。

這樣就懂了！ **3** 個大重點

接種活性減毒疫苗後，可引起感染

市面上有許多不同種類的疫苗。活性減毒疫苗，顧名思義是在安全的狀態下，維持細菌或病毒的活性並削弱它的致病力（減毒），進而製造而成的疫苗。接種之後，細菌或病毒會在體內增殖，引發免疫反應（第 44 頁）。因疫苗引起的感染，其症狀通常很輕微。

比起自然感染，疫苗造成的感染可以安全的引發免疫反應

自然感染這些傳染病時，有較高變成重症的機率，也比較容易傳染給其他人。而活性減毒疫苗會將細菌或病毒的致病力大幅減弱，幾乎不會造成重症，也不會傳染給其他人。是個安全產生免疫力的方法。

疫苗能預防許多耳熟能詳的傳染病

麻疹、德國麻疹、水痘、卡介苗、腮腺炎等等，這些傳染病的疫苗都是屬於活性減毒疫苗喔！

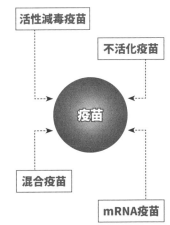

活性減毒疫苗

不活化疫苗

疫苗

混合疫苗

mRNA疫苗

了解更多 疫苗的英文Vaccination來自於拉丁文的Vacca，意思是母牛。而為什麼跟牛有關係呢？請看第174頁！

臟器

五感

機能

身體動態

疾病

身體網絡

不活化疫苗是什麼呢？

（ 關於不活化疫苗 ）

利用死掉的細菌或病毒的一部分製作而成的疫苗。

這樣就懂了！ 3 個大重點

因為使用的是死掉的細菌和病毒，所以較不易引發免疫反應

不活化疫苗和活性減毒疫苗不同。它並沒有使用活的細菌或病毒，而是將細菌或病毒殺死，除去它們的致病力後製作而成。不活化疫苗也比活性減毒疫苗不易誘發免疫反應，因此需要分成好幾次注射。

流行性感冒疫苗屬於不活化疫苗

不活化疫苗有：白喉百日咳破傷風小兒麻痺混合疫苗、結合型肺炎鏈球菌疫苗和季節性流感疫苗等等。

也有其他需分次接種的疫苗

類毒素疫苗也是屬於不活化疫苗中的一種類型。只取出細菌的毒素，並且去除毒性後製作而成。白喉和破傷風疫苗就是屬於類毒素疫苗喔。

〈不活化疫苗〉
的製作方式

病毒 → 死掉的病毒

用這個來製作疫苗

了解更多 外國人要入境本國時，有時需要提出特定的疫苗接種紀錄。

混合疫苗是什麼呢？

(關於混合疫苗)

> 混合疫苗只要注射一次就可以達到接種好幾種疫苗的效果。

這樣就懂了！ **3** 個大重點

混合疫苗並不是單純將不同種類的疫苗加在一起而已

一支混合疫苗內有好幾種不同疫苗的成分。但是，這些不同的疫苗並非只是單純被混合在一起，而是需透過非常困難的技術，才能使得接種一次就可以達到好幾種不同疫苗產生的效果。

疫苗有特殊的混合方法

混合疫苗會將活性疫苗（第 171 頁）或是不活化疫苗（172 頁）依類別混合而成。因為疫苗的特性相似才能進行混合，所以活性疫苗和不活化疫苗是不能放在一起的。

只要注射一次，便可達到注射好幾種疫苗的效果

混合疫苗最大的優點是可以減少注射次數，同時避免忘記回診施打的情形。但是，因製作的過程較複雜，所以比起一針一針的注射，混合疫苗的價格也較為昂貴。

〈以下全部為不活化疫苗〉

白喉　　百日咳

四合一疫苗

破傷風　　不活化小兒麻痺

臟器

五感

機能

身體動態

疾病

身體網絡

了解更多 每個國家使用的混合疫苗不同。日本最多是四合一疫苗，有些國家甚至還會有六合一疫苗。

世界上第一個出現的疫苗是什麼呢？

關於疫苗的歷史

為了預防天花，在人體接種牛隻得到牛痘後產生的膿液。

這樣就懂了！ 3 個大重點

大發現！牛痘的病原體可以預防天花

世界上第一支疫苗，是由 18 世紀末的英國人金納（Edward Jenner）醫師所發明的天花疫苗。他從「得到牛痘的人，就不會得到天花」這句話中得到靈感，開始嘗試將牛痘的病原體打入人體中，進而發現預防天花的方法。

擠牛乳成為發明疫苗的契機

感染天花後，除了高燒還會全身出疹。是感染力很強，並可能會致死的恐怖疾病。牛痘則是會使牛隻長出水泡的疾病，人類也可能感染但症狀較輕微。金納醫師發現，擠牛奶的女工如果曾經感染過牛痘，就不會染上天花，因此想到製作疫苗的方法。

疫苗的效果非常好

最初大家對疫苗並不理解，但它卻十分有效。自此，人類開啟了免疫學的大門，天花也在 1980 年絕跡了。

英國的金納醫師

 利用科學理論解釋金納醫師發明的人，是位名為巴斯德（Louis Pasteur）的法國生化學家。

疾病　「疫苗」之週

一 二 三 四 五 **六** 日

讀過了！

月　日

我們為什麼要接種疫苗呢？

關於預防接種

疫苗不只可以保護個人的健康和生命，還可以維護公共衛生。

這樣就懂了！ **3** 個大重點

疫苗可以預防人傳人的疾病，同時守護全體社會的健康

預防接種的目的是透過注射疫苗獲得免疫力，進而避免疾病、後遺症以及死亡。尤其人傳人的傳染病，可能會在家庭、學校和社區中引起大流行造成社會混亂。因此，注射疫苗也等於守護社會的健康。

各國有不同的常規疫苗

國家會將需要預防的傳染病列入「常規疫苗」的項目，比如兒童的肺炎鏈球菌疫苗、B型肝炎、結核病和水痘等等。而可由民眾自由選擇是否需要施打的則是稱作「自費疫苗」。

透過預防接種可能達到群體免疫

「群體免疫」指的是在地區或國家中，對特定病原體具有免疫力的人很多。當越多人注射疫苗，疾病就越不易擴散。

保護人體不受疾病、後遺症和死亡的威脅

預防接種

避免疾病在家庭、學校、社區間流行，維護公共衛生

腸
器

五
臟

機
能

身體動態

**疾
病**

身體頻箱

了解更多 1977年起的11年間，日本在中小學內施行團體的預防針接種。

新型mRNA疫苗是什麼呢？

(關於mRNA疫苗)

使用「製作病毒蛋白質的設計圖」的劃時代疫苗。

這樣就懂了！ **3** 個大重點

活用遺傳密碼而做成的最新型疫苗

不論是活性疫苗或是不活化疫苗，目前的疫苗都是接種病原體的蛋白質。但是，mRNA（訊息 RNA）（第 180 頁）疫苗則是接種蛋白質的遺傳密碼，是一個全新的疫苗種類。

遺傳密碼像是病毒的設計圖

mRNA 像是病毒組成的設計圖。因此，接種 mRNA 疫苗後，我們的身體便會製作病毒的蛋白質。之後，身體就對這些病毒蛋白質產生免疫力。這個設計圖並不會使我們生病，或是改變人體的基因。

比從前的疫苗製造時間更短

目前的疫苗都必須在實驗室將細菌和病毒增殖，因此需要花比較多的時間。由於 mRNA 疫苗是由化學合成，短時間內就可以大量製造。

接種〈mRNA疫苗〉到獲得免疫力的過程

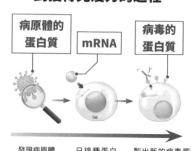

| 病原體的蛋白質 | mRNA | 病毒的蛋白質 |

發現病原體的蛋白質　　只接種蛋白質的mRNA　　製出新的病毒蛋白質，獲得免疫力

了解更多 BNT和莫德納都是對付新型冠狀病毒的mRNA疫苗。

細胞
是什麼呢？

關於細胞和組織

**人體約由37兆個細胞構成，
這些細胞聚集形成組織和內臟。**

這樣就懂了！ **3** 個大重點

細胞各有不同的大小、形狀和壽命

人體由大約 37 兆個細胞組成。一個細胞只有 5 ～ 30 微米（μm）那麼小（一微米是一公釐的千分之一）。雖然細胞的大小、形狀和壽命各異，但大致的組成是差不多的。

細胞在人體各部位負責不同工作

細胞由「細胞核」、「細胞質」和「細胞質基質」組成，外圍則由細胞膜包覆。細胞的種類約有 250 ～ 300 種，各自在不同的部位負責不同的工作。它們的外觀也長得不一樣，有的圓圓的，有的則是瘦長型。

 細胞

⇓ 聚集

細胞會形成組織、器官

有同樣功能的細胞會聚集在一起形成「組織」。譬如許多神經細胞聚在一起，便會形成神經組織。不同的組織聚集一起後，則會形成器官或臟器。身體就是這樣靠許多細胞集合而成的。

⇓ 聚集

 器官

了解更多 透過細胞分裂，一個細胞可以漸漸地變成很多個細胞。

臟器
五感
機能
身體動態
疾病
身體構造

細胞裡面有什麼呢？

關於細胞的組成

細胞由細胞核和細胞質中的高基氏體、核糖體和粒線體等胞器構成。

這樣就懂了！ 3 個大重點

細胞核和細胞質間隔著一層核膜

細胞中有著大大的細胞核和細胞質，這兩者中間隔著一層核膜。細胞質內有著內質網、高基氏體、核糖體、粒線體等不同功能的胞器。

細胞中有各式各樣的胞器

細胞核裡有由 DNA（第 179 頁）構成的染色體（第 182 頁），以及由 RNA（第 180 頁）組成並可製作核糖體的核仁。細胞質內則有內質網、核仁製作的核糖體、高基氏體以及粒線體等胞器。

各種胞器負責不同的工作

內質網像是細胞中的運輸公司。而核糖體是負責製造蛋白質的地方。高基氏體則會將製作好的蛋白質運送到細胞外面。粒線體負責產生細胞活動所需的能量「ATP（三磷酸腺苷，Adenosine triphosphate）」。

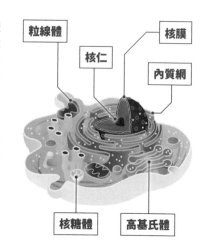

粒線體　核仁　核膜　內質網　核糖體　高基氏體

了解更多 粒線體使用糖類、脂肪、氧氣來製作ATP。

臟器　五感　機能　身體動態　疾病　身體構造

DNA 是什麼呢？

(關於DNA)

DNA負責儲存我們從爸爸、媽媽身上繼承的遺傳訊息。

這樣就懂了！ 3 個大重點

遺傳訊息會影響長相、智力和壽命

小孩總會有某些與爸爸或媽媽相似的地方。這是因為我們從父母身上繼承了會影響外觀、智力和壽命長短等等的遺傳訊息。而這些遺傳訊息就儲存在「DNA」裡。

遺傳密碼由四種鹼基配對而成

胸腺嘧啶（T）、腺嘌呤（A）、胞嘧啶（C）、鳥嘌呤（G）這四種「鹼基」相連形成了我們身上的遺傳訊息。四種鹼基以各種不同的順序排列，形成人體獨一無二的遺傳密碼。

DNA相連起來後非常的長

DNA 呈現螺旋狀。若將一個細胞中的 DNA 拉長展開，可以達到兩公尺那麼長。如果把人體中的所有 DNA 都相連接，居然可以繞地球 300 萬圈呢。這樣就不難理解 DNA 上究竟帶有多少遺傳訊息了吧！

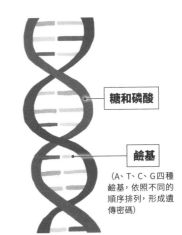

糖和磷酸

鹼基

（A、T、C、G四種鹼基，依照不同的順序排列，形成遺傳密碼）

了解更多 DNA是「去氧核醣核酸」的簡稱。

罹患

五感

機能

身體動態

疾病

身體網絡

error ignore

RNA 是什麼呢？

（ 關於RNA ）

RNA負責傳遞遺傳密碼，並指導蛋白質的合成。

這樣就懂了！ 3 個大重點

RNA是不可或缺的存在

為了傳遞 DNA 上所儲存的遺傳密碼，RNA 扮演了十分重要的角色。這些遺傳密碼首先在細胞核中被轉錄成 mRNA，接著從細胞核移動到核糖體。以上的過程稱為「分子生物學的中心法則」。

能夠傳遞遺傳密碼

DNA 上記載著遺傳密碼，在 RNA 的協助下，才得以傳遞這些訊息。而 RNA 除了會轉錄遺傳密碼、還有負責運送、發號命令等工作。

mRNA和tRNA負責不同的工作

RNA 又分成好幾個種類。mRNA（傳訊 RNA）負責轉錄 DNA 上的密碼。tRNA（轉送 RNA）則負責解讀 mRNA 轉錄出的訊息，並在核糖體中將合成蛋白質所需的胺基酸運送過來。

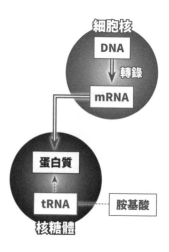

細胞核
DNA
↓ 轉錄
mRNA

蛋白質
↑
tRNA ----- 胺基酸
核糖體

臟器　五感　機能　身體動態　疾病　身體網絡

了解更多「分子生物學的中心法則」由佛朗西斯‧克里克（Francis Crick）提出。

基因
是什麼呢？

關於基因

基因是記載在DNA上的遺傳片段，
也是人體的設計圖。

這樣就懂了！ **3** 個大重點

不同的基因組合會決定我們的特徵

人體約有 2 萬～ 2 萬 3 千個基因。由基因決定的像是身高、單眼皮等特徵，被
稱為「性狀」。當好幾個受基因影響的特徵綜合在一起，便會決定性狀。

DNA和基因的差別

遺傳指的是小孩會從父母的身上繼承特徵。但
DNA（第 179 頁）和基因的概念常常會被混淆。
「DNA」上面會記載著從父母來的遺傳密碼，
在上面所記載的密碼就被稱為「基因」。

基因被記載在DNA上面

基因就是被記錄在 DNA 上的遺傳密碼。而 DNA
在染色體裡面，染色體又位在細胞核中。總而
言之，我們的遺傳密碼藏在細胞的深處。

了解更多 有時會看到手足間不太相像的狀況，這是因為他們的基因組合並不相同。

染色體是什麼呢？

關於染色體

染色體由記載著來自父母的遺傳密碼DNA所構成。

這樣就懂了！3個大重點

染色體是由DNA形成的小小線狀物體

染色體是由 DNA 和蛋白質所構成。記載著基因的 DNA 和蛋白質相互纏繞，再摺疊成線狀構造的染色體。

人類細胞中有23對，也就是46條染色體

人體大部分的細胞都具有 23 對（46 條）染色體，依照大小編為 1～23 號。1～22 號是「體染色體」。23 號則是「性染色體」。性染色體的型態不同導致於有不同的性別，男性是 XY，女性則是 XX。

我們各從父母身上得到一半的染色體

46 條染色體中，23 條來自爸爸，另外 23 條則是來自於媽媽。因此，孩子出生後分別會有像爸爸或像媽媽的地方。

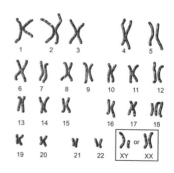

了解更多 一條染色體上約有幾百～幾千個基因。

ES細胞、iPS細胞是什麼呢？

（ 關於萬能細胞 ）

ES細胞和iPS細胞都是屬於萬能細胞，但是來源卻不相同。

這樣就懂了！ 3 個大重點

ES細胞、iPS細胞的異同

ES 細胞（胚胎幹細胞）、iPS 細胞（誘導性多能幹細胞）都是可以變成人體各種其他細胞的萬能細胞。當人體有器官機能受到損傷，便可以培養一個新的器官。但是，這兩種細胞製造的方法卻大不相同。

使用ES細胞存在醫學倫理上的爭議

ES 細胞是用受精卵細胞製作而成。然而，受精卵未來可能形成胎兒，就算是為了醫療目的，使用可能誕生的生命是否是件合宜的事情？……可能會延伸出這類的問題。此外，由於 ES 細胞的 DNA 和受贈者不同的緣故，也需要考慮排斥反應的問題。

iPS細胞比較不會引起排斥反應。

iPS 細胞則是從自己的細胞製作而成。由於 DNA 相同所以引發排斥反應的機率很低。且既然是從自身細胞而來，自然不會有倫理上的爭議。

放入4種基因 ⟱ 初期化

iPS
細胞

各種細胞

神經是什麼呢？

(關於神經)

神經遍佈全身，
負責管控所有器官的運作。

這樣就懂了！3 個大重點

思考、呼吸、跑步都是由神經進行調整

網狀遍布身體各處，負責聯繫細胞及組織的器官就是神經。神經負責控制人體機能，像是思考、呼吸、跑步等。大腦中的神經分布特別的多。

中樞神經像是神體的指揮官

神經分成「中樞神經」以及「周邊神經」。中樞神經位於大腦及脊髓，負責處理由全身收集來的訊息，並發送指令。周邊神經則位於皮膚、肌肉、內臟、眼睛、耳朵等位置，將負責機接收到的訊息傳送給中樞神經，並將中樞神經送出的指令傳達至身體各處。

周邊神經有三大類，分別是：運動神經、感覺神經及自律神經

周邊神經可分為：負責將中樞神經的指令傳遞給肌肉的運動神經、負責將感覺的訊息傳達給中樞神經的感覺神經，以及負責調節體溫、血壓、內臟功能的自律神經。

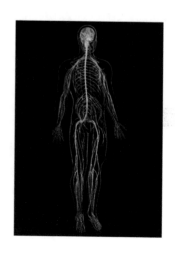

了解更多　腦部的神經拉長後可達100萬公里那麼長呢！

自律神經是什麼呢?

(關於自律神經)

24小時不中斷，無意識的管控著人體機能的神經就是自律神經。

這樣就懂了！ **3** 個大重點

神經負責控制我們生存必須的身體機能

心臟及血管的動作、呼吸等，這些我們賴以為生多樣的身體機能，就是由自律神經 24 小時不眠不休「無意識」的控管著。炎熱的時後會透過出汗降溫，食物的消化也與自律神經息息相關。

分為交感神經及副交感神經

自律神經分成讓身體興奮的交感神經，和讓身體放鬆的副交感神經。兩種神經就像是蹺蹺板兩端，一邊保持平衡，一邊調整身體機能。

要特別注意自律神經失調的狀況

假使自律神經失調，會有疲勞、失眠、燥熱、心悸等症狀發生。也會因此讓人有煩躁或是拿不出動力等情緒面的影響。這種身體機能的不協調被稱為「自律神經失調」。為避免自律神經失調，規律及正確的飲食和運動，確保良好的睡眠都很重要。

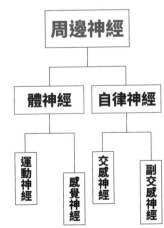

周邊神經

　　　體神經　　　自律神經

運動神經　感覺神經　交感神經　副交感神經

臟器　五感　機能　身體動態　疾病　身體網絡

了解更多 季節變換，自律神經為了應對氣溫及氣壓的變化，容易有自律神經失調的狀況。

交感神經及副交感神經哪裡不一樣呢?

(關於交感神經及副交感神經)

交感神經可讓身體處於興奮的狀態,副交感神經是讓幫助身體切換到放鬆的模式。

這樣就懂了! 3 個大重點

交感神經和副交感神經,就像是油門跟煞車的關係

自律神經分成幫身體切入興奮模式的「交感神經」以及幫協助切換到放鬆模式的「副交感神經」。兩者就像是油門跟煞車一樣負責相反的功能,藉此控制人體機制的運作。

交感神經在緊張或運動時會相當活躍

早晨當我們張開眼睛,交感神經就開始活動,特別是緊張或是做激烈運動時,交感神經會更加活絡。使呼吸變淺變快、心跳加速、血壓上升、出汗。但因為有精神的活動,體力也會漸漸的下降。

副交感神經在睡覺時變得活絡

當我們在放鬆、睡覺,以及為了儲備下個活動時需要的體力而休息時,副交感神經會變得相當活潑。這時呼吸會變深、心跳變慢、胃部進行消化,使體力逐漸恢復。

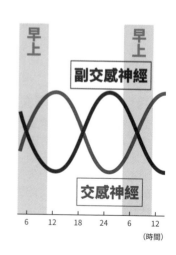

了解更多 睡覺時副交感神經會相當活絡,免疫力因此提升。

反射、條件反射是什麼呢？

關於反射及條件反射

與生俱來的反應是反射，
由經驗引起的反射就是條件反射。

這樣就懂了！ 3 個大重點

輕敲膝蓋下方，腳會自然彈起這就是反射

食物進到嘴巴裡就會自然分泌唾液，這種與生俱來的反應就是「反射」。當我們輕敲膝蓋下方腳會自動彈起這也是反射的一種。相反的，基於經驗及學習所產生的反應則是「條件反射」。

由脊髓發出保護身體的指令

產生反射時，訊息不會被傳送到大腦，且大多是由脊髓發出指令。像是當我們摸到燙手的鍋子時，手會迅速地收回，這就是由脊髓為了保護身體所發出的緊急指令。

看見酸梅會流口水是條件反射

看到喜歡的食物、聞到好吃的香味時，嘴巴會分泌唾液，這就是條件反射。這是因我們已經知道什麼是「好吃」才產生的反應。看見酸梅會流口水，也是因為已經知道「酸」這個味道的關係。

訊息不會傳到大腦，
而是由脊髓進行判斷。

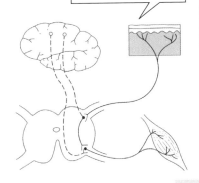

了解更多 俄羅斯學者巴夫洛夫曾用狗來進行條件反射的實驗。

臟器　五感　機能　身體動態　疾病　身體網絡

神經元及突觸是什麼呢？

(關於神經元及突觸)

神經元就是神經細胞，
突觸則是神經元間的接合處。

這樣就懂了！ **3** 個大重點

1個神經元有1萬個突觸

神經元指的是遍佈於身體負責收集情報的網狀神經細胞。突觸則是神經元及神經元的「接合處」。而1個神經元有1萬個突觸呢。

像跑接力賽般的傳遞訊息

神經元有一個延伸的長軸，在末端分支的部分則是與其他神經元相接的位置。當神經元接收到訊息後，會以電脈衝的形式傳遞到下一個神經元。當電脈衝傳遞至突觸的接合處時，會分泌神經傳導物質，將訊號傳遞至下一個神經元。

腦中有1000億個以上的神經元

大腦是我們人體中聚集最多神經元的地方，據說有超過1000億個以上的神經元聚集於此。並以1秒100公尺的速度分析由身體收集到的訊息，傳遞至大腦的各個角落進行處理。

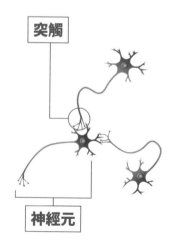

突觸

神經元

了解更多 大腦中神經細胞的網絡據說像是細線捆在一起的形態。

脳 器

五 感

機 能

身體動態

疾 病

身體網絡

神經痛是什麼樣的疾病呢？

（ 關於神經痛 ）

沿著周邊神經產生強烈疼痛的症狀就是神經痛。

這樣就懂了！ **3** 個大重點

就像被針插到一樣的短暫疼痛

沿著周邊神經引起的劇烈疼痛稱為神經痛。神經痛並不是疾病，而是一種症狀。就像是被針扎到一樣，常以幾秒或幾分鐘短暫的發生。較為人知的像是坐骨神經痛、肋間神經痛及三叉神經痛。

較易發生於屁股、背部及臉部等部位

坐骨神經痛會由屁股開始經由大腿延伸至小腿，大多是因椎間盤突出（第292頁）的狀況引起。肋間神經痛則由背部開始到胸口，當大聲說話或深呼吸時會變得嚴重。三叉神經痛則是從眼周開始疼痛向整臉蔓延。

加溫可減緩疼痛

神經痛是連睡覺時都會相當疼痛，難以治療的症狀。但因加溫可以緩和疼痛，泡溫泉或是敷上溫熱的濕布都是不錯的方法。坐骨神經痛則可以靠伸展促進血液流動舒緩不適症狀。

了解更多 神經痛就像是一般的疼痛一樣，在疼痛處並不會有紅腫的現象。

帶狀皰疹是什麼呢？

（ 關於帶狀皰疹 ）

由水痘病毒引起，會出現帶狀的紅疹的疾病。

這樣就懂了！ **3** 個大重點

疲勞、壓力及年齡增長易引起帶狀皰疹

帶狀皰疹是由水痘病毒引發的疾病，只要是在孩童時期曾長過水痘的人皆有可能得到。帶狀皰疹常隨著疲倦、壓力或是年齡增長而出現。

好發於胸口、背部、肚子、臉部及頭部

容易出現帶狀皰疹的部位有胸口、背部、肚子、臉部及頭部。起先會出現像汗疹一樣又痛又癢的疹子，症狀持續會在身體兩側出現帶狀紅疹，然後再變成水泡。

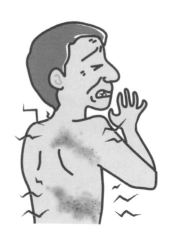

需注意「帶狀皰疹後神經痛」的發生

帶狀皰疹要儘可能在出疹後的 3 天內進行治療。如延遲治療會引發難以根治的「帶狀皰疹後神經痛」，這是連衣服摩擦都有可能產生像是火燒般刺痛的神經痛。當帶狀皰疹一發疹後就盡快去醫院吧！

了解更多 得到帶狀皰疹的人數在50歲後激增，且較多是在酷暑時期得到的。

側邊標籤：臟器　五感　機能　身體動態　疾病　身體網絡

關節是什麼呢？

(關於關節)

關節是骨頭與骨頭的連接處。有了關節我們的手腕才能活動！

這樣就懂了！ 3 個大重點

透過關節的活動，我們才能完成生活必要的動作

成人的身體約有 200 塊骨頭。負責連結骨頭與骨頭的部位就是「關節」。膝蓋、腳踝、肩膀、手肘、下巴等位置都有關節。正因為有關節的構造，我們才能走路跟坐下。

關節是怎樣的構造呢？

骨頭與骨頭間有縫隙（關節腔），裡面充滿了被柔軟的關節軟骨及囊（關節囊）包覆的滑液。關節也有許多不同的類別，有像肩膀一樣可以上下左右動作的關節，也有像手肘一樣可以伸直或彎曲的部位。

很能負重的髖關節

人體最大的關節，是連接屁股周圍的骨盆以及腿根到膝蓋最粗壯的骨頭（大腿骨）的「髖關節」。光是走路就會承受人體體重 5 倍的力量。

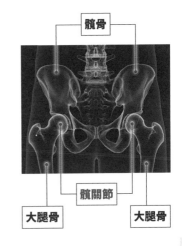

髖骨

髖關節

大腿骨　大腿骨

了解更多 關節隨年齡增長會變硬，鍛鍊肌肉則可避免這個問題。

肌腱是什麼呢？

(關於肌腱)

肌腱就像一條堅韌的繩子一樣，
是連接骨頭與肌肉的部位。

這樣就懂了！ 3 個大重點

肌腱的作用是什麼呢？

確保骨頭與骨頭的連接處能運作良好的是關節的工作，而在關節中，負責將骨頭與肌肉相連的構造就是「肌腱」（將骨頭與骨頭連接的部位是韌帶）。

肌腱有時候會斷裂

肌腱就像是繩子一般的構造，緊實地將肌肉和骨頭固定在一起。老化、激烈運動時，肌腱有可能斷裂。人體最大的肌腱是位於腳後跟的阿基里斯腱（第 92 頁）。

肌腱和腱鞘

人體某些部位的肌腱受到腱鞘完美包覆的保護。但當肌腱與腱鞘摩擦，就可能引發腱鞘炎（第 195 頁）。

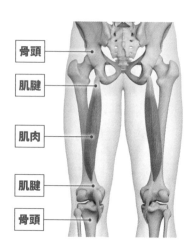

骨頭

肌腱

肌肉

肌腱

骨頭

了解更多 牛肉中「牛筋」的部位就是牛的肌腱。

我們為什麼會扭傷呢？

（ 關於扭傷 ）

當關節彎折成不適當的角度
傷害到韌帶就是扭傷。

這樣就懂了！ 3 個大重點

韌帶是什麼？

韌帶是連接骨頭與骨頭的纖維（就像細線一樣）。韌帶平時會確保關節不會有過多的彎曲。但當身體不正確的動作導致韌帶受傷就是「扭傷」。

扭傷和骨折有什麼不同呢？

骨折是骨頭斷裂的狀態。扭傷時骨頭並沒有斷裂，而是韌帶受傷或是發生偏離等狀況。當韌帶過度延伸，周邊的血管被切斷，就可能導致韌帶損傷。

扭傷要如何治療？

輕微的扭傷，我們會固定受傷的關節並在扭傷的部位進行冷敷。如果是韌帶完全斷裂這種相當嚴重的扭傷，就必須到醫院進行治療。

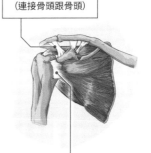

韌帶
（連接骨頭跟骨頭）

肌腱
（連接骨頭跟肌肉）

了解更多　扭傷的日文漢字是「捻挫」。「捻」是扭到、「挫」是挫傷的意思。

脫臼 是什麼呢？

（ 關於脫臼 ）

脫臼是連結著骨頭和骨頭的關節分開了。

這樣就懂了！ 3 個大重點

脫臼有兩種類型

關節的錯位可分成「完全脫臼」跟「脫位」兩種。完全脫臼指的是脫離的關節壓到了神經，使韌帶及肌肉感到疼痛。脫位則是關節稍微錯開，關節周遭的的傷口較少，只會帶來輕微的疼痛。

脫臼的成因是什麼？

跌倒或是撞擊，導致關節受到衝擊就可能會引起脫臼。特別是時常在動作的肩關節，更容易發生脫臼。所以在投球或揮拍時要特別注意。另外，運動前要做好暖身運動，才可以降低受傷的風險。

脫臼要如何治療？

治療脫臼須將脫離的骨頭復位。在受傷 6 小時內進行治療的話，復原效果會比較好，所以如有脫臼的情形發生請盡快就醫。

平常時

脫臼時

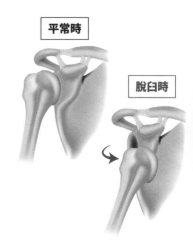

了解更多 人體所有的關節都有可能發生脫臼，較常見有脫臼問題部位是手肘、下巴及髖關節。

腱鞘炎是什麼樣的疾病呢？

（ 關於腱鞘炎 ）

連接肌腱與肌腱的腱鞘因為摩擦導致發炎的疾病。

這樣就懂了！ 3 個大重點

腱鞘炎的症狀有哪些？

腱鞘炎會造成手持物品時手腕發生抽痛，手指在動作時則會有刺痛的感覺。即便不拿東西，也可能會有突發性的疼痛。嚴重時可能會有紅腫等症狀。

為什麼會發生腱鞘炎？

我們的手有許多肌肉及肌腱組成，相當地複雜。肌腱被腱鞘包覆維持穩定。當我們打電腦或是寫字的時候，過度使用手腕及手指，肌腱與腱鞘摩擦就可能發生腱鞘炎。而腱鞘炎好發於手腕及大拇指根部。

頻繁使用手機會引起腱鞘炎

手指持續進行精細的動作便容易引發腱鞘炎。最近似乎因過度使用手機，在大拇指引發腱鞘炎的案例不在少數。腱鞘炎亦與女性賀爾蒙的分泌有關，所以孕婦也較易得到腱鞘炎。

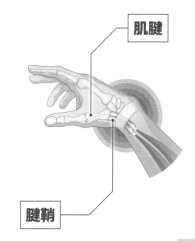

肌腱

腱鞘

了解更多 並不是只有手部會發生腱鞘炎，腳踝、腳背等有肌腱與腱鞘的部位都可能發生。

痛風是什麼樣的疾病呢？

(關於痛風)

痛風是關節產生劇痛的疾病。

〜〜〜 這樣就懂了！ **3** 個大重點 〜〜〜

痛風好發於大腳趾根部

痛風最容易發生的位置是在大腳趾的根部。痛風患者當中，十個人有七個左右痛風的位置會在這裡。痛風會引發紅腫及劇烈疼痛。因為即便被風吹到都會痛，所以被稱為「痛風」。即便是成年男性，也有可能因痛風痛到無法行走。

因尿酸堆積導致痛風

痛風的成因是「尿酸」。當血液中尿酸過多時，會在關節的地方形成結晶。而白血球會誤判結晶的成分為敵人而進行劇烈攻擊，引起發炎。這就是為什麼痛風會產生劇痛的原因。

尿酸過高可能是因為攝取過多含有普林的食物

尿酸是普林代謝後的產物。普林除了在人體進行細胞新陳代謝時產出，食物裡的肝臟、蝦、啤酒等都含有大量的普林。如果攝取過多含有普林的食物便容易造成痛風。

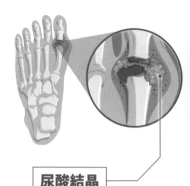

尿酸結晶

了解更多 痛風絕大多數發生於男性身上。

風濕病是什麼樣的疾病呢？

關於類風溼性關節炎

風濕病是在關節或肌肉的位置
發生疼痛或僵硬的疾病。

這樣就懂了！**3** 個大重點

風濕病會出現哪些症狀？

風濕病大多發生在手腳的關節部位，會使得關節僵硬，產生疼痛及腫脹，導致關節難以動作。僵硬指的是「不好活動」的感覺。也就是關節的活動受到限制了。

風濕病的成因為何？

導致風濕病的原因還有許多無法釐清，但據說是因保護身體避免異物攻擊的免疫系統發生異狀，誤認自己的身體是敵人而引發攻擊（自體免疫疾病）。

風濕病要如何治療呢？

首先要使用藥物治療。配合消炎及止痛等藥物阻止疾病惡化，也有防止關節受到破壞的藥物。另外，在以藥物治療的同時，可依需求安排復健及手術。

了解更多　風濕的英文「rheumatism」，源於義大利語「rheuma」，指的是疼痛像水一樣的湧出。

憂鬱症是什麼樣的疾病呢？

（ 關於憂鬱症 ）

憂鬱症是會使人持續處於情緒低落的「憂鬱狀態」。

這樣就懂了！ 3 個大重點

憂鬱狀態＝精神層面情緒低落的狀態

持續有「情緒低落」、「對於之前有興趣或覺得開心的事物，突然間沒有感覺了」、「沒有動力及興趣」、「無法克制的疲倦」、「一直提不起興致」的狀況，就有憂鬱症的疑慮。

不僅是精神層面，身體也會受到影響

憂鬱症會導致專注力及注意力下降。患者會變得消極，開始有「我有存在的價值嗎」、「想從這個世界上消失」這樣的想法。另外也會出現「失眠」、「沒食慾」、「疲倦」、「暈眩」等症狀，也可能需住院治療。

治療方法、患者與身邊親友需注意的事情

早點讓身心休息對憂鬱症的治療非常重要。可配合用藥及認知行為治療等方式進行治療。身邊親友需特別小心，如對患者說「加油」反而會帶來無形的壓力，要特別注意。

了解更多 造成憂鬱症的原因尚未明朗，但多數憂鬱症是因壓力所致。

雙極性情感疾患是什麼樣的疾病呢？

關於躁鬱症

是種亢奮的「躁鬱狀態」及低落的「憂鬱狀態」反覆出現的疾病。

這樣就懂了！ 3 個大重點

躁病的狀態會持續1～2個月

雖說情緒低落是憂鬱症的症狀，但如偶爾會出現情緒躁動高昂的狀態，這樣就有可能是躁鬱症。患者兩種情緒各自出現的時間長短因人而異，躁症的狀況大約會持續 1 ～ 2 個月。

狂躁狀態下會無法感覺到疲倦

在躁動狀態下的患者精神極佳且多話。不僅不會感到疲倦，還會有易怒、自信過度、輕視他人等狀況。也可能因聲音大且心直口快、講話方式沒有邏輯、失去判斷能力等引起麻煩。

亢奮及憂鬱狀態反覆發生

躁鬱症的治療方法

目前大多是採用鎮定劑及抗精神藥物等藥物療法。躁鬱症患者約有 8 成的復原率，但也有可能再次發病。不管怎樣早期治療、持續服用藥物、給予精神上的支持等，都可預防再次發病。

了解更多 壓力可能誘發躁鬱症，所以在累的時候好好休息，是非常重要的。

恐慌症是什麼樣的疾病呢？

（ 關於恐慌症 ）

持續出現「恐慌發作」的狀態。

這樣就懂了！ **3** 個大重點

「恐慌發作」的情形反覆發生就是恐慌症

恐慌症指的是患者被診斷有反覆突然出現「恐慌發作」的症狀。因患者會有無法控制自己的感覺，因此對合適會再次發作而感到不安。

「恐慌症」的診斷方式

恐慌症可分為「懼曠症」以及「沒有伴隨懼曠症的恐慌症」兩種。懼曠症又稱廣場恐懼症，指的是「在特定場所或狀況下引起不安及焦慮的感覺」。特別是在飛機、火車、隧道等「狹窄封閉的場所」更容易造成「恐慌發作」。

「恐慌症」的原因尚未明朗

引起恐慌症的原因目前還未釐清，但可知道恐慌症是因「交感神經不受控的過於興奮」導致。當自律神經無法正常運作，便需花費一段時間才可復原。

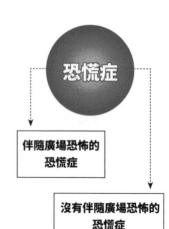

恐慌症

伴隨廣場恐怖的恐慌症

沒有伴隨廣場恐怖的恐慌症

了解更多 任何人都有可能得到恐慌症，並沒有哪種個性的人特別容易得到這種疾病。

臟器　五感機能　身體動態　疾病　身體網絡

HSP
高敏感族
是什麼呢？

(關於高敏感族)

HSP指的是體質敏感，
並非疾病或障礙。

這樣就懂了！ 3 個大重點

不是疾病或障礙，而是與生俱來的特質

高敏感族簡稱 HSP，是與生俱來的特質。指的是「比一般人還敏感」的人。HSP 並不一定需要治療，基本上也無法改變。最重要的是能認識自己的特質，並找到相對應的生活方式。

「休息」及「劃分界限」能使心裡平靜

有 HSP 特質的人很容易在意許多事情，所以易感到疲倦。需適時讓自己放鬆相當重要。另外，能劃分好界線，「別人是別人、自己是自己」這樣也會比較好。

HSP可分成三大類

HSP 有三種。HSP（喜歡穩定）、HSP/HSS（敏感但是好奇心旺盛）、HSS（容易厭煩，追求刺激）。正因為有 HSP 這樣的人格特質，社會上會有各式各樣性格的人。

對於周遭環境
相當敏感

了解更多 HSP是Highly Sensitive Person的縮寫。

思覺失調症是什麼呢？

（ 關於思覺失調症 ）

思覺失調症是容易產生幻覺或妄想的疾病。

這樣就懂了！ **3** 個大重點

精神層面的症狀像是妄想、幻聽及思考障礙等

思覺失調的患者會有像「好像有人在監視我」等精神症狀，或是周遭沒有人卻聽到聲音的幻聽現象等「正性症狀」。其他像是缺乏動力及專注力等「負性症狀」，會引發「認知機能障礙」，使患者無法專注學習。

好發年齡在15～35歲，最常見於20歲左右

統合失調症患者以男性居多，並較易發生在年輕人身上。但大約9成的患者相關症狀有改善的空間。

關於病因及治療方法

引起統合失調症的病因尚未明朗。可能是遺傳、也可能是因環境造成。不管是沈穩的人或是善於社交的人都有可能得到。治療方式多以服用抗精神病藥物並配合復健。

感覺「好像被人監視」或明明沒有人卻感覺有聽到聲音

了解更多 隨時代改變，病名也從早發性失智症變為精神分裂症，到現在稱為思覺失調症。

飲食障礙是什麼呢？

(關於飲食障礙)

飲食障礙是指因心理因素導致飲食過量或排斥進食的情形。

這樣就懂了！**3** 個大重點

飲食障礙是用身體來替代心理的痛

飲食障礙的類型有很多，厭食症（排斥進食）及暴食症（過量飲食）都是屬於飲食障礙的範疇。但這些飲食上的異常，都是受心理的不適而引起的行為。

誘發飲食障礙的原因

飲食障礙是綜合了許多因素，像是社會結構、頭腦優劣等才導致的現象。「因為體型受到他人的閒言閒語」、「家裡有人生病了」、「補習班或是作業增加」等，在大家身上都有機會發生的事情，都有可能是造成飲食障礙的原因。

> 除了排斥進食的厭食症，
> 也有過量飲食的暴食症

飲食障礙對身體造成的變化

如持續有飲食障礙的狀況，肌肉與脂肪間的平衡會發生變化，導致身體不適。特別是在成長期時如沒有好好的攝取營養，促進成長的荷爾蒙也會分泌的比較少，要特別注意。

了解更多 治療飲食障礙時，抱持「靠自己的力量克服心理的不適」的心非常重要。

腦 器

五 感

機 能

身體動態

疾 病

身體網絡

為什麼會發生過度換氣的狀況呢？

關於過度換氣症候群

> 過度換氣是因為壓力引起不自主地加快呼吸的情形。

這樣就懂了！ 3 個大重點

據說過度換氣是因壓力引起

有時會聽聞有人因呼吸過於急促而暈倒，這就是過度換氣。過度換氣多因壓力造成。呼吸對人類生存而言是必要的運作機制。但過度呼吸會使得身體中二氧化碳的含量太低，並不是一個好現象。

過度換氣時，深呼吸反而會有反效果

我們透過呼吸，將氧氣帶入體內，並將二氧化碳排出。但過度呼吸時，體內的二氧化碳濃度突然減少，神經會發出不要再加速呼吸的指令。如此一來，呼吸便會感到困難，讓人進入更想要快速呼吸，但是無法呼吸的惡性循環。

> 因壓力導致呼吸過度，體內二氧化碳減少造成呼吸困難

過度換氣時請減慢呼吸的速度

過度換氣時，切記要放慢呼吸速度並讓自己冷靜。吸氣 3 秒、吐氣 6 秒，讓一次的呼吸保持在 10 秒左右，慢慢地調整就可以了。

了解更多 過度換氣並不會致死。記住這點就是克服過度換氣的第一步。

小腸在人體負責什麼樣的工作呢？

（ 關於小腸的功能 ）

小腸是連接胃及大腸的管狀器官，主要負責消化及吸收營養。

這樣就懂了！ 3 個大重點

小腸由十二指腸、空腸、迴腸三部分組成

小腸可大略分為三部分，從胃向下延伸分別是十二指腸、空腸及迴腸。小腸拉直後長度可達 7 ～ 8 公尺，在多次彎折及壓縮下，位於我們腹部的位置，是人體內最長的器官。

小腸是消化吸收的最前線

食物在胃裡變成黏稠的食糜狀態後，就會被送至小腸。十二指腸是正式開始消化的起點，空腸及迴腸則會吸收超過 90% 人體需要的營養，並將養分帶到需要的地方。

消化吸收需花上4～8小時

小腸直徑約 4 公分。小腸管壁有肌肉組織，會花費 4 ～ 8 小時，以蠕動的方式將食物緩慢地送至大腸。

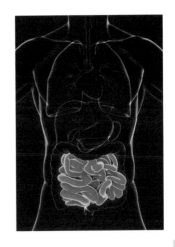

了解更多 各物種的小腸長度也有所不同。牛的小腸有36公尺。

十二指腸是什麼呢？

（ 關於十二指腸 ）

十二指腸負責中和由胃進入腸道的酸性物質，是正式進行消化的場所。

這樣就懂了！ 3 個大重點

十二指腸是腸道的開端

與胃部相連，形狀像是英文字母 C 的腸道就是十二指腸。十二指腸的命名由來相當特別，是因其長度大約是十二個指頭並排那麼長。一根指頭的寬約 2 公分，十二指腸的全長約 25 公分左右。

中和由胃來的酸性食物

當食物由胃部進入十二指腸，人體便會開始分泌膽汁及胰液。膽汁及胰液都是鹼性，可中和由胃部而來因胃酸呈現酸性的食物。

正式開始進行消化

胰液富含酵素，可消化 3 大營養素（醣類、蛋白質、脂質）。人體的消化在十二指腸開始正式啟動。

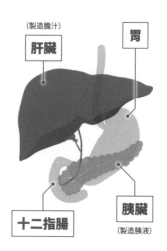

（製造膽汁）

肝臟

胃

十二指腸

胰臟

（製造胰液）

了解更多 十二指腸的名稱首次出現於江戶時代的醫生——杉田玄白的《解體新書》中。

空腸及迴腸 哪裡不一樣呢？

(關於空腸及迴腸)

空腸中有許多絨毛，可將吸收面積增加到8倍。迴腸中則有培氏斑塊。

這樣就懂了！ 3 個大重點

前半部40%是空腸，剩下的部分是迴腸

十二指腸往下走是空腸及與大腸相連的迴腸。整個加起來約 7 ～ 8 公尺左右。空腸及迴腸間沒有明確的界線，但是前半部 40％左右是空腸，後半部 60％左右是迴腸。

空腸吸收營養的接觸面積是迴腸的8倍

空腸的腸壁是厚實的肌肉，為了讓食物快速通過所以持續活絡的蠕動。空腸裡常是空無一物的狀態，所以才叫空腸。另外，空腸中有相當多突起的絨毛，是為了幫助營養的吸收。

迴腸與免疫相關非常的重要

迴腸的特徵是有一個叫做培氏斑塊（第 209 頁）的組織。培氏斑塊與免疫有關，負責抵禦病毒等外來物的攻擊。

(前半) 空腸

(後半) 迴腸

了解更多 空腸及迴腸是人體消化、吸收營養的最後一個階段。

臟器
五感
機能
身體動態
疾病
身體網絡

絨毛的內部構造是什麼樣子呢？

(關於絨毛)

絨毛是相當特別的細胞，主要工作是吸收營養，並透過血管、淋巴管將營養運送至全身。

這樣就懂了！ 3 個大重點

小腸的表面積是一座網球場的大小

小腸內側有高約8公釐的連續輪狀皺褶，皺褶表面上則有密集排列的細小「絨毛」構造。將所有的絨毛展開，大小約是一座網球場的大小。

絨毛有著能大量吸收營養，非常厲害的構造

為什麼要有絨毛這種構造呢？原來，這些絨毛可以增加食物和小腸黏膜接觸的面積，進而吸收更多的營養。其實，將絨毛放大後，會發現每個絨毛都是由許多「吸收上皮細胞」排列而成，而這些上皮細胞上有叫做微絨毛的細毛，增強吸收營養的功能。

由血管及淋巴管將營養送至全身

絨毛內側有許多血管及淋巴管。絨毛吸收而來的營素就是透過這些管道輸送至全身。

絨毛

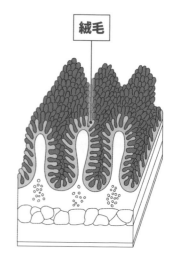

了解更多 「吸收上皮細胞」的壽命約只有1天。之後就會有新的細胞生成。

Peyer's patch
培氏斑塊指的是什麼呢？

(關於培氏斑塊)

培氏斑塊會攔截並打擊入侵腸道的敵人。

這樣就懂了！**3** 個大重點

培氏斑塊會捕捉進入腸道的病毒或細菌

由口鼻進入人體的病毒或細菌大多會被胃酸殺死，儘管如此，病原體還是有辦法進入腸道，這時位在迴腸的培氏斑塊就會出動了。

培氏斑塊是負責抵禦外敵，守護腸道的戰鬥部隊

擊退細菌、病毒等外敵的機制就稱為「免疫」。負責執行免疫的「免疫細胞」約有 60 ～ 70% 都聚集於腸道。培氏斑塊中有樹突細胞、T 細胞（第 282 頁）、B 細胞（第 283 頁）等聚集，當有外敵入侵就會分泌免疫物質進行攻擊。

培氏斑塊集中於迴腸

培氏斑塊位於絨毛與絨毛的中間。約有 20 ～ 30 塊左右。

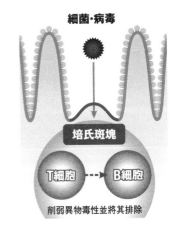

細菌·病毒

培氏斑塊

T細胞 --- B細胞

削弱異物毒性並將其排除

了解更多 食物過敏是因為身體將本來無害的食物當成外敵而發動攻擊。

腸道內有哪些細菌呢？

關於腸道細菌

腸道中有好菌、壞菌、中性菌等，約500～1000種細菌。

這樣就懂了！ 3 個大重點

好、壞、中性等，腸道細菌有非常多種類

腸道內約有 500 ～ 1000 種，全部共 100 兆個細菌。對人體有益的好菌、導致生病及食物中毒的壞菌，以及異於兩者的中性菌。有非常多不同種類的細菌。

好菌有抑制花粉症的效果

大家有聽過比菲德氏菌及乳酸菌嗎？優格中富含對人體有益的指標性好菌，具有整腸並抑制壞菌增長的效果。透過防止病原菌入侵，腸內細菌也可能對花粉症等過敏疾病有影響。

中性菌可變成好菌，也可變成壞菌

腸道中的中性菌當人體在健康的狀態下是無害的。但當身體虛弱壞菌較強勢時，中性菌便會向壞菌靠攏，對身體造成危害。

壞菌
好菌
中性菌

了解更多 為了讓身體具備對抗細菌的能力，即便是壞菌也有存在的必要。

腸道菌群 是什麼呢？

(關於腸道菌群)

腸道中的細菌依種類分成一叢一叢的狀態 就稱為「腸道菌群」。

這樣就懂了！ **3** 個大重點

腸道的細菌看起來就像花田一樣？

腸道中約 100 兆個細菌，會依種類不同一叢一叢的聚集在一起。在顯微鏡下看起來就像花叢一樣，因此才叫做「腸道菌群」。

腸道細菌的種類在3歲時就決定了

當胎兒還在媽媽的體內時，腸道裡是沒有細菌的。出生後因進食等因素，腸道中開始有細菌，到 3 歲左右腸道細菌的種類便大致決定。腸道菌群的組成每個人都不一樣，即便是雙胞胎也不會完全相同。

日本人體內有較多的好菌比菲德氏菌

腸道菌群的組成依人種不同也會有所差異。日本人中比菲德氏菌較多。

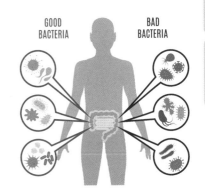

GOOD BACTERIA　　BAD BACTERIA

了解更多 也有使用「叢」，被稱為「腸道菌叢」的說法。

荷爾蒙是什麼呢？

（ 關於荷爾蒙 ）

荷爾蒙是讓身體不管在什麼環境，都能穩定維持運作的物質。

這樣就懂了！3 個大重點

身體許多不同的部位都會製造荷爾蒙

人體中的腦下垂體、甲狀腺、副甲狀腺、腎上腺、胰臟、生殖腺等部位都會分泌荷爾蒙。而不同部位分泌的荷爾蒙則會各有不同的功能。荷爾蒙會透過血液運送至全身。

下視丘產生的荷爾蒙會影響腦下垂體

「下視丘」和「腦下垂體」像是分泌荷爾蒙的指揮部。下視丘收到大腦來的指令，就會分泌荷爾蒙並由腦下垂體接收。之後，腦下垂體為了使下游的內分泌腺能順利運作，也會分泌負責調控這些作用的荷爾蒙。

下視丘：
分泌負責調控腦下垂體作用的荷爾蒙

腦下垂體後葉：催產素、抗利尿激素
腦下垂體前葉：生長激素

荷爾蒙的生成像接力賽

從腦下垂體獲得「請分泌荷爾蒙吧」的指令後，甲狀腺和腎上腺等部位就會開始分泌荷爾蒙。經由這樣的機制，身體才可以維持在平衡狀態。

甲狀腺：甲狀腺素
副甲狀腺：副甲狀腺素

胰臟：胰島素、升糖素

腎上腺髓質：腎上腺素
腎上腺皮質：
葡萄糖皮質素、
礦物皮質素

了解更多 神經系統和內分泌系統控制身體器官的活動。

內分泌系統的 負回饋是什麼呢？

(關於回饋)

為了使身體維持在一定的平衡狀態，而降低荷爾蒙分泌的機制，就叫做負回饋作用。

這樣就懂了！ 3 個大重點

穩定分泌荷爾蒙對身體來說是很重要的

荷爾蒙可以使身體持續穩定工作。因此，剛剛好的分泌量十分重要。若荷爾蒙分泌太多時，必須要有減少它分泌的機制。

甲狀腺素和腎上腺素都會有回饋作用

接收下視丘或腦下垂體分泌的荷爾蒙後，甲狀腺及腎上腺等內分泌器官便會開始分泌荷爾蒙。當這些荷爾蒙已經對身體產生作用，甲狀腺和腎上腺便會向下視丘及腦下垂體發出「請減少分泌荷爾蒙」的訊息。這種機制就稱為負回饋作用。

部分荷爾蒙在不同時間會有不同分泌量

荷爾蒙的分泌量並非總是相同。某些荷爾蒙分泌會有日夜的變化，有些只有在睡覺時分泌。

〈負回饋作用〉

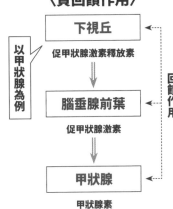

以甲狀腺為例

回饋作用

下視丘
促甲狀腺激素釋放素
腦垂腺前葉
促甲狀腺激素
甲狀腺
甲狀腺素

了解更多 使荷爾蒙分泌增加的機制則稱為正回饋作用。

腦下垂體的作用是什麼呢？

(關於腦下垂體)

腦下垂體可以分泌特別的荷爾蒙，
用以調控甲狀腺等內分泌器官。

這樣就懂了！ **3** 個大重點

腦下垂體可以調控其他內分泌腺分泌荷爾蒙

腦下垂體是腦部深處的一個小小的器官。當腦下垂體受到下視丘分泌的荷爾蒙刺激，便會隨之分泌另外的荷爾蒙。這種荷爾蒙又可以再調控不同的內分泌器官，進一步分泌其他荷爾蒙。

腦下垂體前葉也會分泌荷爾蒙

腦下垂體分為前葉和後葉。前葉會接收下視丘來的指令，分泌跟成長相關的生長激素、刺激甲狀腺的荷爾蒙、刺激腎上腺皮質的荷爾蒙、刺激生殖腺的荷爾蒙等等。

腦下垂體後葉可儲存或釋放下視丘分泌的荷爾蒙

腦下垂體後葉不分泌荷爾蒙。但它會依照人體的狀態，釋放由下視丘所分泌的「抗利尿激素」（可控制尿液排出的水量）和催產素（可刺激乳腺和子宮收縮）。

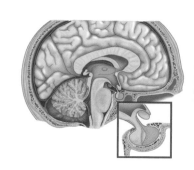

側邊標籤：腦 器 五 感 機 能 身體動態 疾 病 身體網絡

了解更多 腦下垂體幾乎在頭蓋骨正中間的位置。

甲狀腺的作用是什麼呢？

（ 關於甲狀腺 ）

甲狀腺所分泌的荷爾蒙可以促進新陳代謝、副甲狀腺分泌的荷爾蒙可調節血液中的鈣濃度。

這樣就懂了！ 3 個大重點

甲狀腺與副甲狀腺

甲狀腺位在喉嚨附近，是個長得像蝴蝶形狀的器官。它裡面有著像小袋子般的濾泡組織，負責分泌荷爾蒙。甲狀腺的後方則有副甲狀腺，負責分泌另外的荷爾蒙。

甲狀腺素對身體的影響很大

濾泡會分泌甲狀腺素。甲狀腺素會促進身體的新陳代謝。當代謝變好時，熱量的消耗會增加、體溫上升、心跳與呼吸次數也會變快。它也可影響肌肉骨骼成長的生長激素，強化生長激素的功效。

副甲狀腺素的功用

副甲狀腺會分泌副甲狀腺素，這個荷爾蒙會調控血液中的鈣濃度，進而影響腦細胞的運作及全身肌肉的收縮。

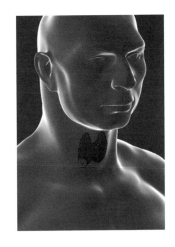

了解更多 海帶芽和魚中，富含製作甲狀腺素所需的材料「碘」。

腦器

五感

機能

身體動態

疾病

身體構造

腎上腺的作用是什麼呢？

(關於腎上腺)

腎上腺分泌的荷爾蒙可調節血液中的水分、糖分、礦物質的平衡，並處理壓力反應。

這樣就懂了！ 3 個大重點

腎上腺又分為腎上腺皮質和腎上腺髓質

腎上腺位於腎臟的上方，跟腎臟一樣左右各有一個。腎上腺又分為「皮質」和「髓質」兩部分，也各有不同的功用。腎上腺皮質會分泌皮質類固醇，腎上腺髓質則會分泌兒茶酚胺。

腎上腺皮質會分泌3種荷爾蒙

皮質類固醇有 3 種，分別是調節人體體液量的「礦物皮質類固醇」、會使血糖上升並處理壓力和發炎的「糖皮質類固醇」以及與性發育相關的「雄性素」。

腎上腺髓質分泌的荷爾蒙會影響血糖、代謝和血壓

腎上腺髓質會分泌兩種「兒茶酚胺」：腎上腺素和正腎上腺素。它們有著使血糖上升、促進代謝和使血壓上升的功能。

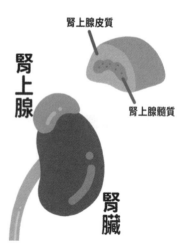

腎上腺皮質

腎上腺

腎上腺髓質

腎臟

了解更多 糖皮質類固醇也可用來當作治療發炎疾病的藥物。

更年期障礙是什麼呢？

（ 關於更年期障礙 ）

由於女性荷爾蒙減少，造成身心不適的狀況。

這樣就懂了！3 個大重點

隨著年紀增長，荷爾蒙的分泌減少

女性荷爾蒙由卵巢分泌。當進入更年期之後，女性荷爾蒙的分泌會逐漸減少。由於女性體內許多部位需靠荷爾蒙產生作用，當它的分泌減少的時候，就會產生不好的影響。

什麼是月經和停經？

女性體內的子宮每個月會為了懷孕做準備，像是胎兒的床鋪。如果沒有懷孕，鋪好的床就會從體內排出，這就是「月經」（第 363 頁）。月經平均在 50 歲左右結束，就叫做「停經」。

更年期時容易感到不安及焦躁

停經前後五年，這段總共約十年的時間稱為更年期。進入更年期後，女性荷爾蒙的分泌減少，身體的平衡遭到改變。身體不舒服、心情不安煩躁、無法平靜，這些情況都很常見。

〈更年期障礙的症狀〉

頭暈

頭痛

憂鬱

爆熱

月經不規則、無月經

手腳冰冷

了解更多　更年期的症狀因人而異，壓力也有可能影響症狀的產生。

葛瑞夫茲氏病是什麼樣的疾病呢?

關於甲狀腺機能亢進

甲狀腺機能亢進時,會有脖子腫大、手抖、專心度下降等症狀。

這樣就懂了! 3 個大重點

因為免疫功能的異常作用,產生了過多的荷爾蒙

葛瑞夫茲氏病是因為免疫異常而引起的疾病。負責調控代謝的甲狀腺素和調節交感神經的兒茶酚胺過度分泌,進而造成症狀。

葛瑞夫茲氏病的症狀很多樣

患者可能會有心悸(心臟怦怦跳)、體重減輕、手抖等身體症狀。由於甲狀腺腫大,脖子會顯得肥大,眼睛也會突出。心情方面,會有焦躁、易怒、無法平靜等感覺。

請找甲狀腺專長的醫師諮詢相關疑問

這個疾病可以透過服用藥物、接受手術等方法來治療。但最好是直接尋求甲狀腺專長的醫師的協助。

臟器
五感
機能
身體動態
疾病
身體網絡

了解更多 女性比男性容易得到葛瑞夫茲氏病。其中又以20～30歲的患者為多。

人體有 哪些肌肉呢？

(關於肌肉)

全身上下的肌肉分為
骨骼肌、平滑肌以及心肌三種。

這樣就懂了！3 個大重點

全身有600條以上的肌肉

成人人體有約 600 條以上的肌肉。並分成骨骼肌（第 220 頁）、平滑肌（第 221 頁）及心肌（第 222 頁）三種。我們平常吃的豬肉、雞肉也是肌肉喔。

肌肉不是只協助身體的移動而已！

肌肉由細長的「肌纖維」聚集而成。肌肉不只掌握身體的動作，具有彈力的肌細胞還負責保護骨頭以及內臟，免於受到衝擊傷害，非常地重要。

可協助散熱及保濕

肌肉對於人體體溫的維持也扮演了很重要的作用。冷的時候，肌肉可以生熱保持溫暖。另外，人體裡最能保水的器官就是肌肉，如果肌肉量太少，就容易引起脫水症狀。

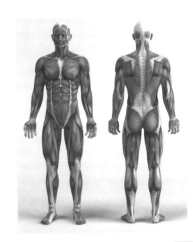

了解更多 肌肉重量佔體重的40%，比人體體內其他的臟器都還要重。

骨骼肌是什麼呢？

（ 關於骨骼肌 ）

骨骼肌是協助骨頭及身體動作的肌肉。

這樣就懂了！ 3 個大重點

一般來說「肌肉」多指骨骼肌

肌肉的分類裡，負責骨頭及身體運動的就稱為骨骼肌。人體約有 400 條骨骼肌，透過伸長及收縮，協助人體完成不同的動作。我們的手腕及腳能自由的動作，也是因為有肌肉幫忙的關係喔。

骨骼肌是可以依自由意志活動的隨意肌

肌肉又分為可靠自由意志動作的「隨意肌」，以及無法依自由意志動作的「不隨意肌」兩種。骨骼肌屬於隨意肌依照個人意識操控。當肌肉收縮時會彎曲，放鬆時則會伸長。

快速肌纖維及慢速肌纖維

組成骨骼肌的肌纖維可分成「快縮肌纖維」及「慢縮肌纖維」兩種。快縮肌纖維是白色的，又稱為「白肌纖維」，因能快速收縮可瞬間出力。慢縮肌纖維則是紅色的，又稱為「紅肌纖維」，雖然收縮的速度慢，卻相當持久。骨骼肌便是由這兩種肌肉組成。

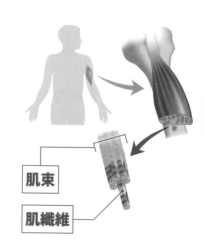

肌束

肌纖維

了解更多 猴子臀部的肌肉因為沒有人類的發達，所以無法直立行走。

平滑肌是什麼呢？

(關於平滑肌)

平滑肌是協助血管及內臟活動的肌肉。

這樣就懂了！ **3** 個大重點

我們睡覺時也還在工作的肌肉

骨骼肌是可以靠自主意識操控的肌肉，但像是食道、膀胱等部位的肌肉由平滑肌構成，並無法依靠自主意識控制。所以即便是我們睡覺的時候也會持續動作。

平滑肌的工作是什麼？

平滑肌負責運送胃部及腸道的食物，如果攝入了對身體不好的東西，平滑肌便會壓縮胃部使其排除。另外，收縮子宮以利生產等這些都是平滑肌的工作。

組成胃壁及小腸壁的平滑肌

平滑肌會聽從自律神經（第 185 頁）的指示而動作。所以如果自律神經無法正常運作，平滑肌就會無法好好工作，導致身體發生狀況。

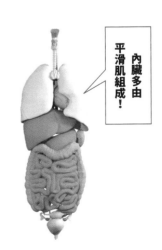

內臟多由平滑肌組成！

了解更多 平滑肌也控制了瞳孔的縮放。

心臟的肌肉和一般肌肉哪裡不同？

（關於心肌）

心臟的肌肉稱為「心肌」，是無法依照自主意識動作的肌肉。

這樣就懂了！ **3** 個大重點

心肌兼具骨骼肌及平滑肌的特徵

心臟是我們體內的血液幫浦，由非常特別的心肌組成，並具有介於骨骼肌及平滑肌間的肌肉特徵。當心肌放鬆時血液流入心臟，當心肌收縮時血液則被擠出。

心肌的構造像是骨骼肌，但功能像是平滑肌

心肌的構造與骨骼肌較接近，但無法依自主意識動作這點就像平滑肌。心臟的動作也是由自律神經控制。

雖然持久但是無法復原

心肌非常厲害，即使心臟持續不斷的工作，心肌仍不間斷的活動，也不會感到疲倦，但其依然有弱點。骨骼肌受傷後能夠復原，心肌如果損傷卻無法恢復了……

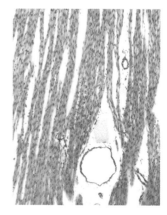

心肌在顯微鏡下的影像

了解更多 心臟可透過心律調節器刺激收縮。

要如何使肌肉變大呢？

(關於肌肉訓練)

當肌纖維受到傷害，修復後肌肉就會變大。

這樣就懂了！ 3 個大重點

為什麼運動員都那麼強壯呢？

運動員或是有在鍛鍊身體的人看起來都特別強壯。為了要讓肌肉變大，便必須先讓肌纖維受傷才可以。當肌纖維修復後，肌肉就會變得比先前更大了。

肌纖維很容易受到傷害

組成肌肉的肌纖維一條一條又細又長，只要稍有不慎便可能受傷或斷裂。這時，可以補充蛋白質協助肌肉恢復，重複這樣的流程，肌肉就會越變越大。

鍛鍊跟休息都非常重要

即便每天都鍛鍊肌肉也不可能一次到位，因為肌肉在受傷後需修復才會變大，如果肌纖維修復前又再一次受傷，便無法有很好的增肌效果。所以除了鍛鍊，讓肌肉有休息的時間也相當地重要。

臟器

五感

機能

身體動態

疾病

身體網絡

了解更多 反之，如為未使用肌肉，肌肉會漸漸地萎縮變弱。

223

肌肉痠痛跟肌肉拉傷是什麼狀況呢？

(關於肌肉發炎)

肌肉發炎的症狀會造成肌肉痠痛，肌肉拉傷則是肌纖維或肌膜部分斷裂的情形。

這樣就懂了！**3** 個大重點

肌肉痠痛是肌肉正在修復的證據

當激烈運動後常有肌肉酸痛的現象。這是因運動時肌肉及關節受傷了，為了治癒受傷的部位才引起發炎的反應。平常沒有運動習慣的人要特別注意。

肌肉拉傷是什麼呢？

運動時如果過於勉強，在小腿及大腿等部位很容易發生肌肉拉傷。這是因肌肉發生大片的撕裂，並引起劇痛。肌肉痠痛會持續數小時到隔日，但肌肉拉傷的話會更加的疼痛。

什麼是小腿肚抽筋？

抽筋發生於小腿肚的位置。這時肌肉會有節奏的劇烈收縮，感到強烈的疼痛。抽筋據說是肌肉中鈣及鎂失衡所致。

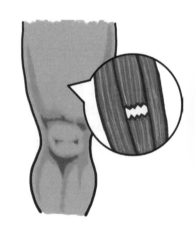

臟器　五感　機能　**身體動態**　疾病　身體網絡

了解更多 小腿肚負責腳部的血液循環，又被稱為「第二顆心臟」。

ALS
漸凍人症是
什麼樣的疾病呢？

（ 關於漸凍人症 ）

**漸凍人症全名為肌萎縮性脊髓側索硬化症，
是肌肉漸漸無法動作的嚴重疾病。**

這樣就懂了！ **3** 個大重點

即便是非常一般的動作也無法完成

說話、寫字、拿筷子，這些都是必須靠肌肉才可完成的動作。當患有漸凍人症（Amyotrophic Lateral Sclerosis，簡稱 ALS），這些肌肉都會無法動作。嚴重的話還有可能無法呼吸，需依賴呼吸器才可以維持性命。目前導致發病的原因不明，也無有效的治癒方法。

ALS無法根治

ALS 除了靠藥物及手術外，尚未找到其他可治癒的方法。因此，多以延緩病程進展的方式進行治療。針對肌肉的疼痛及麻痺使用止痛藥或是進行復健。呼吸困難時則給予氧氣。也會透過氣切（在喉結下方開洞讓空氣可以進入肺部）注入點滴補充人體需要的營養。

有可延緩ALS病程的藥物

藥物「利魯唑（Riluzole）」以及「依達拉奉（Edaravone）」可用於延緩 ALS 病程。但是效果因人而異。

盧·賈里格

了解更多 因美國職棒大聯盟選手盧·賈里格(Lou Gehring)罹患ALS，故此疾病又被稱為「盧·賈里格症」。

眼球的構造是什麼呢？

（ 關於眼球 ）

眼球就像是相機一樣的構造，「水晶體」是鏡片、「視網膜」則是底片。

這樣就懂了！ 3 個大重點

眼球的主要構造有三個：「虹膜」、「水晶體」、「視網膜」

首先，虹膜負責調節光線進入眼睛的強度。當環境明亮，則減少進光量；當光線昏暗，則需要盡可能的收集光源進入眼簾。光線經過作用像是鏡片的水晶體後，在眼睛深處的視網膜成像。並將看到影像訊息傳遞給大腦。

對焦的秘密

環繞「水晶體」的「睫狀肌」，是負責對焦的肌肉。當看近物時，睫狀肌收縮使水晶體變厚變圓，夠過光線折射清晰地捕捉影像。當看遠處時，睫狀肌放鬆水晶體變薄且平坦，光線平行進入並成像。

視網膜是平衡的感受器

視網膜上的視細胞可以判斷物體的立體感及遠近。這些對維持人體的平衡感有相當大的影響。

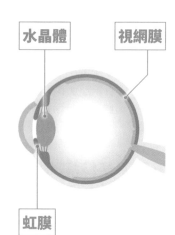

水晶體　視網膜

虹膜

臟器　五感　機能　身體動態　疾病　身體網絡

了解更多 果凍狀的「玻璃體」協助水晶體維持圓形的狀態。

眼睛為什麼可以判別顏色呢？

關於錐狀細胞

位於視網膜的錐狀細胞可以辨別光線的波長，並將訊息傳遞到腦部，再由腦部辨識顏色。

臟器

五感

機能

身體動態

疾病

身體構造

這樣就懂了！ 3 個大重點

由三種「錐狀細胞」辨識紅、藍、綠

光具有波動的特性。人的視網膜上，有可將映入眼簾的波形轉換為顏色的「錐狀細胞」，將進入的光線分為紅、藍、綠三色。錐狀細胞收集到的訊息會再由大腦進行分析，我們才有辦法辨別許多不同的顏色。

人類可判別的顏色約160種

將紅、藍、綠三種顏色排列組合，我們可以判別的顏色竟然高達 160 種。如經過訓練，甚至可以辨別 300 種左右的顏色。據說視網膜具有分辨 700 種顏色的潛力，是不是很難以想像呢！

只有人類可以辨別這麼多種顏色

只有人類可以分辨超過 100 種顏色。像狗等動物只可辨別兩種波長，所以看到的顏色也相對較少。不知道在狗狗眼中的人類，會是什麼樣子呢！

錐狀細胞

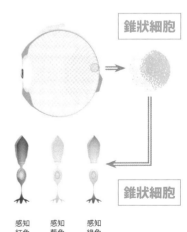

錐狀細胞

感知
紅色

感知
藍色

感知
綠色

了解更多 狗的感光能力極佳，所以在暗處也可以看得到。

近視、遠視是什麼呢？

(關於近視及遠視)

**看不清楚遠處的景物是「近視」，
看不清楚近物則是「遠視」。**

這樣就懂了！ **3** 個大重點

負責調節光線進入眼睛角度的水晶體逐漸失去作用

看不清楚的原因有二。一個是眼球形狀發生改變，導致到視網膜的距離不正常。第二個是負責對焦的「水晶體」無法正常發揮作用。

對光線的折射率過高是「近視」

當眼球的前後距離變長，水晶體對光線的折射率又過高時，影像會對焦在視網膜的前面，如此一來，雖能看清楚近物，但遠處的景象就會變得模糊不清，這就是「近視」。

對光線的折射率過低是「遠視」

與近視相反，如眼球前後距離變短，水晶體對光線的折射率變低時，影像會對焦在視網膜的後方，如此一來，近物會變得模糊不清，這就是「遠視」。

「近視」時如果不戴眼鏡，
遠處的景象會變得模糊

了解更多 如果每天維持相同姿勢看近物的話，非常容易近視。

散光是什麼呢？

（ 關於亂視 ）

因眼球表面不平整，導致眼睛出現兩個焦點，影像無法重疊的狀態就是「散光」。

這樣就懂了！ 3 個大重點

光線進入眼睛的方向歪掉了

眼球裡的水晶體等表面歪斜，導致光線無法集中於 1 個定點，無法對焦而導致視力模糊，這就是「散光」（又叫做亂視）。在這樣的狀況下，視網膜無法清楚的成像，不僅物體的形狀看不清楚，還會出現重影的狀況。

先天的規則散光及後天的不規則散光

造成散光的原因有二。出生時，因水晶體等形狀上的不完美導致的散光稱為「規則散光」。因疾病導致眼球形狀的歪斜稱為「不規則散光」。規則散光的情況下，眼球的角膜及水晶體呈現像是橄欖球的形狀，影像無法聚焦於一個位置，導致只有一個方向能看得清楚，其他方向都相對模糊。不規則散光則是角膜的表面不平整，導致無法對焦出現重影的情形。

散光可能造成頭痛或肩頸痠痛

看不清楚也常引發頭痛或是肩頸痠痛，如果置之不理的話散光狀況可能加劇。

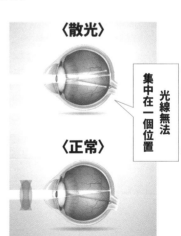

〈散光〉

光線無法 集中在一個位置

〈正常〉

了解更多 幾乎所有的人都有散光，只是程度上的差異而已。

斜視
是什麼呢？

(關於斜視)

斜視指的是因眼睛肌肉異常，導致一邊的眼睛看東西時會偏離正確的方向。

這樣就懂了！ **3** 個大重點

兩眼無法看著同一個方向

某側的眼睛會往內或外歪斜時，就稱為斜視。約有 2% 的小朋友有這樣的狀況。當控制眼睛活動的肌肉神經異常、嚴重的近視或遠視、頭部受傷時，都有可能造成斜視的情形。

斜視有4種類型

斜視可分成 4 種，分別是：內側偏斜的「內斜視」、向外側偏斜的「外斜視」、向上偏斜的「上斜視」以及向下偏斜的「下斜視」。

斜視導致看見的東西缺乏立體感

一般來說我們雙眼看到的東西會在大腦中合而為一。但斜視的狀態下，無法完美執行這個機制，導致出現重影，或是讓看到的物品無法呈現該有的立體感。置之不理，可能會導致弱視。如能儘早發現，便可透過戴眼鏡或是手術矯正。

〈正常〉

〈內斜視〉　〈外斜視〉

〈下斜視〉　〈上斜視〉

了解更多 斜視也有可能發生在成人時期發生。

老花眼
是什麼呢？

（ 關於老花 ）

> 隨年紀增長，水晶體硬化，導致看近物
> 無法對焦的狀態就是「老花眼」。

這樣就懂了！ **3** 個大重點

水晶體失去彈性？

隨年齡增長水晶體的彈性漸漸的變得不好，導致調節焦距的範圍變小。大部分的人會出現無法看清楚近物的情形，但相反的也有一部分的人是看不清楚遠的東西。許多人是在 40 歲後出現老化的症狀。

會難以閱讀像報紙上等，字較小的文章

你有看過老爺爺或是老奶奶把報紙放遠遠的看的畫面嗎？有老花眼時，特別是昏暗的地方會更難閱讀太小的字。另外眼睛也容易疲勞，甚至造成頭痛或肩頸痠痛。

每個人都會得到老花眼

老花眼是隨年齡增長的自然現象。並沒有哪種人特別容易得到，應該說是任何人都會得到老花眼。但有一說是從事精細作業或較常使用電腦的人，會較早出現老花眼的症狀。

了解更多 「近視的人不會有老花眼」這是錯的！每個人都會有老花眼。

眼淚是從哪裡流出來的呢？

(關於眼淚)

眼淚是由位於眼皮內側上方的淚腺製造，會由位於眼頭的淚點流出。

這樣就懂了！ 3 個大重點

眼淚扮演著保護眼睛的重要角色

眼睛表面一直都留有由淚腺製造的淚液（1 天 1 毫升左右）。眼淚除了能防止眼睛乾澀、清洗眼球上的髒污外，還含有溶菌酶，可以殺死跑入眼睛的細菌。另外也有提供角膜氧氣及養分的功用。

眼淚上覆蓋油份藉此防止眼睛乾澀

另外，在睫毛根部的瞼板腺會分泌油脂，並覆蓋在眼淚的上面。如此一來可以減緩眼淚蒸發，避免眼睛乾澀。

多餘的眼淚會由鼻子流出

潤澤眼球的眼淚最終會由眼頭的淚點回收進入鼻淚管，再由鼻子流出。大部分的眼淚都會在流到鼻腔前蒸發，只有在哭泣的時候因為眼淚太多了，才會以鼻水的形式流出。

〈眼淚到以鼻水流出的過程〉

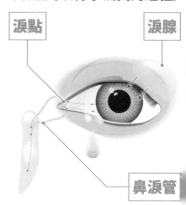

淚點　　淚腺　　鼻淚管

了解更多 傷心時流出的眼淚是由自律神經控制。這是為了讓心情平復才會有的機制。

右腦和左腦哪裡不一樣呢？

(關於左腦右腦)

左腦控制語言及計算，右腦則掌握位置及負責創意發想。

這樣就懂了！ 3 個大重點

身體的右半邊由左腦控制，左半邊則是由右腦控制

大腦分成左右兩部分。身體右側的神經與左腦相連，左側的神經則與右腦相連。舉例來說，當我們用右手拿球時，左腦會命令右手活動，並判斷球的形狀及滑溜的觸感。

右腦及左腦擅長的事情不一樣

左右腦對於運動的作用沒太大差異。但在語言、方向感等領域，左右腦擅長的就不大一樣了。左腦擅長語言、計算等理論性的思考。相反的，右腦擅長從看到的東西判空間及方向、想像、靈感、影像的思考等，都是右腦主導。大家比較擅長什麼呢？

右腦	左腦
直覺思考	理性思考

有人的「語言中樞」在右腦

左腦常被稱為「語言中樞」，但也有些人控制語言的語言中樞位於右腦。右撇子中約有 90%，左撇子裡面約有 60% 的人，語言中樞是左腦喔。

了解更多 左腦與右腦由被稱為「胼胝體」的神經相連再一起，讓左右腦能互相合作。

腦脊髓液是什麼呢？

(關於腦脊髓液)

腦脊髓液是透明的液體，可將養分送至腦，並將代謝產物帶走。

這樣就懂了！ 3 個大重點

人體裡的大胃王──腦

與身體其他部位相比，腦需要大量的養分。輸送至腦的血液 1 分鐘內竟高達 700 毫升。而腦所需的葡萄糖及氧氣，就是在腦脊髓液中輸送至腦的各個角落。

腦脊髓液是透明無色且無味

腦脊髓液無色透明且沒有味道。腦脊髓液位於腦室及蜘蛛膜下腔以單向流動，並不會逆流。當腦中出現不利於人體的物質，腦脊髓液會迅速反應將其排至體外。

這裡填滿了腦脊髓液

弱點是會運送酒精

為了避免有害物質入侵腦，腦中有一個特別的門（血腦障壁），可阻擋對人體有害的細菌及病毒入侵。但是酒精可突破此屏障，因此過量飲酒後，酒精會使腦麻痹呈現酒醉的狀態。

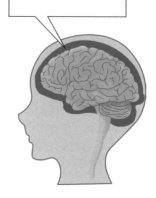

臟器　五感　機能　身體動態　疾病　身體網絡

　了解更多 不管是大人或小孩，一天製造的腦脊髓液約在500毫升左右。一天約會替換3～4次。

額葉在體內負責什麼工作呢？

(關於額葉)

額葉負責控制運動、情感及思考。被稱為大腦的指揮中心。

這樣就懂了！ 3 個大重點

因為在大腦皮質的前側，所以被稱為額葉

試著用手摸額頭看看。頭蓋骨的正下方就是額葉。大腦皮質是由神經細胞集合而成的組織（灰質），並且包覆著腦部。大腦皮質的三分之一是額葉，負責控制運動、語言、情感。

大腦驅動身體動作

大腦皮質中不同的區域負責不同的工作。舉例來說，位於額葉的「運動區」負責下達肌肉伸縮的指令。另外，布洛克區（Broca's area）被稱為運動語言區，控制說話及書寫的能力。當布洛克區受損時，便會說不出話來。

額葉聯合區是大腦的總指揮官

額葉聯合區會以由運動區等大腦個區域收集而來的訊息為基礎，思考、建立計畫、提出新構想等。另外，像是善於與人相處、能有像人一樣的行為，這也是因額葉聯合區發達的關係。

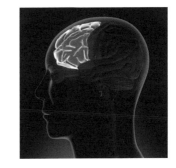

了解更多　日本獼猴的額葉聯合區佔大腦皮質的12%，人類則佔了30%。

頂葉在體內負責什麼工作呢？

(關於頂葉)

頂葉能感受疼痛、溫度，以及辨識聲音的位置。

這樣就懂了！ **3** 個大重點

負責感知由手接收到的感覺

柔軟的、粗糙的、冰涼的，用手觸摸物品我們會有不同的感受。頂葉負責接收由皮膚、肌肉、關節等全身上下而來的感覺，並判別是哪一種狀態。

五感皆由大腦辨識

我們的手、耳朵所感受到的訊息，會通過神經傳遞至大腦中各自的感覺中樞。聲音會傳遞至聽覺區，觸覺則是會到體感區，透過大腦接收訊息我們才可判別身體的感覺。當肌肉和關節感覺到重力時，也是由頂葉判斷是否需要立刻站直支撐。

利用全身收集到的訊息掌握空間資訊

將眼睛、耳朵、皮膚等部位接收到的情報送至頂葉聯合區。並透過匯集於頂葉聯合區的訊息為基礎，判斷與物體間的距離、辨別那一個方向有物體、自己目前是什麼姿勢等。藉以掌握空間狀態。

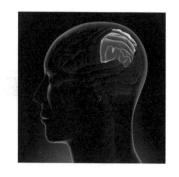

了解更多 當頂葉聯合區受傷時會失去立體感及方向感。

顳葉在體內負責什麼工作呢？

(關於顳葉)

顳葉能幫助我們辨識耳朵所聽、眼睛所見之物。

這樣就懂了！ 3 個大重點

分析耳朵聽見的訊息

進入耳朵的聲音會轉為脈衝，經由聽神經傳到大腦的聽覺區。在聽覺區中會將聽到的聲音與過去的記憶及知識進行比較，進一步判斷這個聲音是什麼。再來，也會分析右耳及左耳的聲音差異，藉此判別聲音從何而來。

顳葉聯合區負責統整來自眼耳的訊息

我們聽到、看到的訊息會集中至顳葉的顳葉聯合區中判斷聲音、顏色、形狀。再把訊息整理好後在大腦中建置看到的人臉及物品的畫面。

夢裡出現的畫面是顳葉聯合區中記憶的影像

大家有做過夢嗎？我們夢裡所看到的，其實是由顳葉聯合區所記憶下來，我們曾看過的東西。透過實驗發現，當顳葉聯合區受到刺激時，會喚起以前所看到的畫面，並且會像電影般相當真實地出現在夢境中。

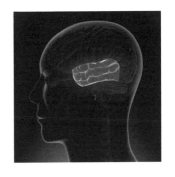

了解更多 位於左顳葉的韋尼克區（Wernicke's area），是負責理解語言和文字的語言感覺區。

枕葉在體內負責什麼工作呢？

(關於枕葉)

枕葉的視覺區可辨識眼睛所見的事物。

這樣就懂了！ **3** 個大重點

負責收集眼睛所見訊息的視覺區

眼睛收集來的訊息會傳送到枕葉的初級視覺皮質，藉此判斷物體的動作、深度、顏色、形狀等要素。並將這些訊息與視覺以外的感覺或是過去的記憶進行比較，藉此判斷「看到OO了」。

左眼的光線會跑到右腦，右眼的光線則會進入左腦

由左眼進入的光線會成像在右側的視網膜，右眼進入的光線則會成像在左側的視網膜。並且會各自將影像的訊息送至右視覺區及左視覺區。這種實際所見會進入相反的視覺區我們稱之為「視交叉」

明明沒有看到但是又看到了！？

即便眼球沒有問題，但當枕葉的視覺區受損，我們就會看不見。不過明明應該看不見，如有東西飛來卻依然能閃躲。據說這是因為我們的眼睛所見的訊息被送至大腦皮質後做出的判斷。

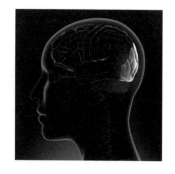

了解更多 當視覺區受損照理來說應該會看不見，但卻還是能避開物體，這就是所謂的盲視。

下視丘 是什麼呢？

(關於下視丘)

下視丘是控制自律神經及 生長激素的位置。

這樣就懂了！ 3 個大重點

是負責控制身體在穩定狀態的指揮中心

當我們在睡覺時，心臟依然跳動、呼吸穩定持續、食物也在進行消化。下視丘便是負責下指令給自律神經系統，以利其控制呼吸、血壓、脈搏、體溫等看似基本但卻重要的生命跡象。

負責調整體溫維持在36～37℃

當皮膚感覺到「熱」，下視丘便會下達出汗的指令，藉此協助身體散熱。反之，當覺得「冷」的時候，則會關閉皮膚上的毛孔，並使肌肉顫抖讓身體產熱。因此，健康的人體溫通常會維持在 36 ～ 37℃。

下視丘對腦下垂體發出 分泌生長激素的指令

生長激素是與骨頭生長及肌肉發展息息相關的物質。下視丘會對負責分泌生長激素的腦下垂體下達指令，藉此調整生長激素分泌的多寡。

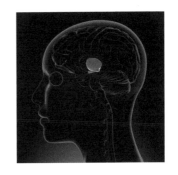

了解更多 腦下垂體會分泌促腎上腺皮質素、抗利尿激素等多種荷爾蒙。

臟 器

五 感

機 能

身體動態

疾 病

身體網絡

大腸在體內負責什麼工作呢？

(關於大腸的功用)

負責吸收由小腸送來的食物殘渣中的水分，並形成糞便。

這樣就懂了！ 3 個大重點

大腸主要由盲腸、直腸、結腸三個部位組成

由嘴巴吃入的食物，在人體在後會經過的器官就是大腸。大腸接在小腸的後面，依序分成盲腸、結腸、直腸三個部位。是全長約 1.5 公尺的管狀構造，並環繞包圍著小腸。最後，大腸絕大部分都是結腸，盲腸只有約 5 公分、直腸則是約 15 公分。

理想的糞便含水量約在70～80%

大腸主要的工作，是吸收已被小腸吸收營養的食物殘渣中的水分，並製作糞便。由小腸剛進入大腸的食物大致呈現液體的狀態，但在通過大腸後水分會被吸收，並形成含水量約在 70～80%的理想糞便。

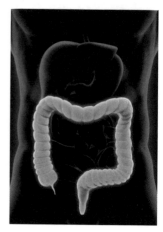

通過大腸的速度會決定糞便的形狀

當因某種原因導致糞便太快通過大腸時，就會拉肚子，停留時間較久的話則會便秘。

了解更多 糞便的量約是攝入食物的10%左右。

結腸
是什麼呢？

（ 關於結腸 ）

結腸佔了大腸中相當大的比例，
負責吸收水分製造糞便。

這樣就懂了！ 3 個大重點

環繞腹部的結腸

大腸分為四個部分。其中大部分是由結腸組成，結腸有點像注音符號「ㄇ」。右下腹開始向上的這一段是升結腸，到肚臍附近的位置由右向左移動的部分是橫結腸，往左下腹前進的這一段是降結腸，另外還有乙狀結腸。

結腸邊伸縮邊吸取水分

大腸壁每隔一定的間隔就有膨脹跟凹陷處，肌肉會反覆收縮及放鬆（分節運動），盡可能的吸乾水分。到達乙狀結腸時就已經是塊狀糞便的狀態了。

透過黏液讓糞便的運送過程更為順暢

結腸的黏膜相當滑潤。其表面有許多孔穴會分泌黏稠的黏液，協助糞便可以順利滑出。

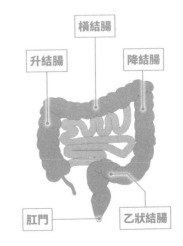

橫結腸　升結腸　降結腸　肛門　乙狀結腸

了解更多 食物從進入大腸到變成糞便約需要1天左右的時間。

241

直腸
是什麼呢？

(關於直腸)

**直腸是大腸的最後一段，
負責暫時存放結腸產生出的糞便。**

這樣就懂了！ **3** 個大重點

雖稱為直腸但其實不是直的

直腸是位於乙狀結腸到肛門間約 15 公分的腸道。是消化系統的最終端。正面看正如其名是直直的，但從側面看會發現其實直腸沿著薦椎向背部延伸，並且膨脹且帶弧度。

直腸是暫時放置糞便的地方

糞便在進入直腸前其實已經完成，直腸並沒有吸收或是消化的作用。直腸下端較寬的空間稱為「直腸壺腹」，當糞便從肛門出來前會暫時被放在這裡。

當糞便累積就會想要上廁所

當糞便累積到一定的程度，便會拉扯到直腸的腸壁。這時候就會像大腦傳達「想要去廁所」的訊號。

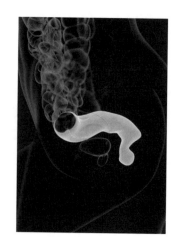

了解更多 如果忍著不去廁所，當糞便的水分持續被吸收，就會引起便秘。

盲腸 是什麼呢？

(關於盲腸)

**盲腸位於大腸的入口處，
與消化、吸收沒有太大的關係。**

這樣就懂了！ 3 個大重點

盲腸和消化吸收幾乎沒有關係

在大腸的入口處，和小腸相接的部分就是「盲腸」。小腸及盲腸間還有一個用以避免食物逆流的構造，被為迴盲瓣。但盲腸基本上和消化吸收是沒有關係的。

草食性動物的盲腸相當發達

在草食性動物的盲腸裡有許多細小的微生物，藉以幫助草的消化。因此草食性動物的盲腸非常發達，且比起人類的盲腸也長了許多。舉例來說，以相當難消化的尤加利葉為主食的無尾熊，牠們的盲腸約有 2 公尺。

**被誤稱為盲腸炎的疾病，
其實是「闌尾炎」**

盲腸前端是被稱為闌尾的突起處，如這個地方腫脹就是闌尾炎（第 244 頁）。但即便闌尾不是盲腸，但一般闌尾炎被視為盲腸的疾病，容易使人混淆。

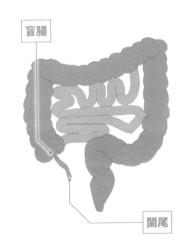

盲腸

闌尾

了解更多 像闌尾一樣沒有實際的用途被遺留下來的器官稱為痕跡器官。

243

闌尾炎是什麼樣的疾病呢？

(關於闌尾炎)

闌尾炎是位於盲腸附近的
闌尾出現腫脹、化膿的狀況。

這樣就懂了！ 3 個大重點

日文的闌尾被稱為「蟲垂」，是因為外觀近似蟲垂吊的樣子

在盲腸壁有著 5～6 公分左右向外延伸的部分。因為外觀看起來像是蟲子垂吊在外，故闌尾在日文中被稱為「蟲垂」。到目前為止還不清楚闌尾有什麼實際的作用，但發現免疫相關的細胞及腸內細菌大量聚集在此處。

闌尾炎是闌尾腫脹疼痛的疾病

有聽過「盲腸好痛喔！」的疾病嗎？當有細菌跑進闌尾，免疫機制過度活絡，便會引起腫脹、化膿、腹痛、發燒等。這些都是「闌尾炎」的症狀。

治療方法大致分為兩種

如症狀較輕微，可以使用藥物治療。如症狀越趨惡化，則需進行闌尾切除手術。

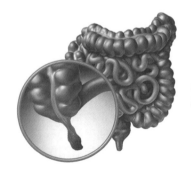

了解更多 如無視闌尾炎，嚴重可能會導致穿孔流膿，相當危險。

臟器
五感
機能
身體動態
疾病
身體網絡

息肉
是什麼呢？

(關於息肉)

身體的表面出現像痣一樣的突起。

這樣就懂了！ **3** 個大重點

在黏膜出現的疣狀突起物就是「息肉」

大腸黏膜上出現的疣狀突起物就是「大腸息肉」。大腸息肉可分為不會癌化的「非腫瘤性息肉」及有癌化風險的「腫瘤性息肉」。息肉與生活習慣及遺傳等因素息息相關。

息肉多無自覺症狀

小息肉的話多無自覺症狀，但如果息肉變大後可能會出血，糞便中也可能會混雜血液。另外，雖少見但亦有息肉將腸道堵住導致腸道閉塞，以及息肉長出肛門外的狀況。

腸內息肉易癌化

腸道的息肉和胃部的息肉不同，較有癌化的風險。為了早期發現，養成定期檢查的習慣非常重要。

大腸息肉

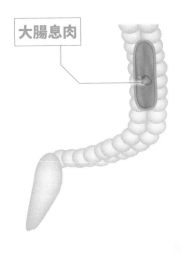

了解更多 息肉除了長在小腸、胃等消化器官外，也可能長在喉嚨的聲帶上。

臟器

五感

機能

身體動態

疾病

身體網絡

大腸的疾病有哪些呢？

(關於大腸的疾病)

關於大腸的疾病有像是大腸癌、發炎性腸道疾病、過敏性腸道症候群等。

這樣就懂了！ 3 個大重點

歐美飲食型態是造成生病的原因

隨飲食型態歐美化，日本從 1990 年代開始大腸相關疾病便開始增加。除了大腸癌外，腸阻塞、大腸息肉、被認為相當難以治療的潰瘍性大腸炎、克隆氏症，以及會持續拉肚子及腹痛的過敏性腸道症後群等。

日本人最常見的疾病是大腸癌

日本人最常得到的癌症就是大腸癌。大腸的任一部位皆有可能發病，但以乙狀結腸及直腸最為常見。明明沒有腫瘤及發炎，但會連續拉肚子腹痛好幾個月的過敏性腸道症候群在年輕人間也越來越常見。

原因不明的難治疾病越來越多

因腸道發炎引起的發炎性腸道疾病。像是潰瘍性大腸炎、克隆氏症等因成因不明所以需長期治療。在國內也被認為是重大傷病。

了解更多 在日本，約有20萬人罹患潰瘍性大腸炎，7萬人罹患克隆氏症。

牙齒是 由什麼構成的呢？

(關於牙齒的組成)

較軟的「象牙質」外覆蓋上 堅硬的「琺瑯質」就形成了牙齒。

這樣就懂了！ 3 個大重點

牙齦內外的牙齒硬度不同

說到牙齒，一般都會想到牙齦外露出白色的冠狀部分「牙冠」。不過，在牙齦的裡面，還藏著牙齒的根部「牙根」。由於牙冠和牙根表面覆蓋的物質不同，它們的硬度也不一樣。

牙冠表面是人體中最堅硬的部分

「琺瑯質」覆蓋在牙冠表面，是人體中最堅硬的物質。因此，就算是很硬的餅乾我們也咬得下去。而牙齦下方的牙根，表面則是由「牙骨質」所覆蓋，它的成份和骨頭相同。

牙齒從「牙髓」獲取營養

無論是琺瑯質或是牙骨質，它們的內側都是「象牙質」這種較軟的物質。而象牙質內部則是神經、血管會經過的「牙髓」。我們的牙齒就是靠牙髓中血管運送來的營養得以生長。

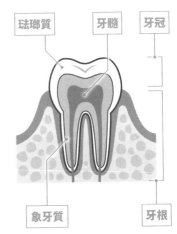

琺瑯質　牙髓　牙冠

象牙質　牙根

了解更多 牙齒看起來雖然是白色的，但琺瑯質是無色、半透明，象牙質則是黃色的。

齒列整齊及不整的人哪裡不一樣呢？

（ 關於牙齒排列 ）

除了受遺傳影響，出生後牙齒的使用方式也會改變牙齒的排列狀態。

這樣就懂了！ **3** 個大重點

牙齒的排列方式也會受遺傳影響

張嘴笑的時候，可以看到有些人齒列整齊，有些人則不然。其實不只是身高、長相會父母相似，據說「遺傳」也大大的影響了牙齒的排列喔。

日常飲食及習慣也會影響牙齒排列

除了遺傳等因素，像是日常飲食及習慣也和牙齒排列有關。如果大多吃的是軟質食物，下巴缺乏訓練，牙齒也會缺乏良好可生長的空間，造成齒列不整。喜歡吸手指、會用舌頭去頂前齒後側等習慣，也會對牙齒的排列造成不好的影響。

矯正前

讓牙齒排列變整齊的方法

如齒列不整，牙齒也會較不容易清潔乾淨，導致蛀牙並可能會影響發音。因此，在牙科可透過「矯正」改善牙齒排列。

矯正後

了解更多 如齒列整齊咬合的力量也會比較大，運動時也較易出力。

臟器　五感　機能　身體動態　疾病　身體構造

智齒是什麼呢？

(關於智齒)

長在最裡面，被稱為第三大臼齒的牙齒就是智齒。

這樣就懂了！ **3** 個大重點

長在最裡面，且最晚長出來的就是「智齒」

長在最深處的上下共四顆牙齒就是「智齒」。因為是第三顆大臼齒，所以正式的名稱被稱為「第三大臼齒」。成人的恆齒約會在 15 歲左右長齊，但智齒通常是在接近 20 歲時才會長出來。

如智齒生長方向不佳，可能需要拔除

並非所有的人都會長出智齒。有人一顆智齒也沒有，也有些人智齒不是向上長出而是長成橫的，甚至有些人的智齒直接就埋在牙齦裡沒有長出來了。如果智齒歪斜，可能會導致蛀牙或疼痛，這時候就可能需要將好不容易長出的智齒拔除。

如果智齒長得方向不好就需要拔除

第三大臼齒也是有用的

有些人會有「智齒是不是有存在的必要呢？」這樣的疑惑。但如果智齒長的好，在吃東西的可以協助咬碎食物，如果其他臼齒有問題，智齒也可以發揮臼齒應有的功能喔。

有些人的智齒會直接被埋在牙齦裡不會冒出來

了解更多 有些人的智齒是到30、40多歲才長出來的。

蛀牙為什麼會痛呢？

（ 關於蛀牙 ）

牙齒受到蛀蝕，導致原先被「象牙質」覆蓋的神經裸露，引起疼痛。

這樣就懂了！ **3** 個大重點

琺瑯質被溶解並侵蝕到象牙質

我們的牙齒覆蓋著堅硬的「琺瑯質」，因此在吃硬質食物時也不會感到疼痛。但是如果琺瑯質受到酸蝕蛀牙了，導致內側的象牙質裸露。如此一來，只要稍微碰觸就會感到疼痛。

蛀牙菌最喜歡甜食了

我們口中的蛀牙菌會將食物殘渣中的「糖分」當食物，並製造「酸」，藉此蛀蝕牙齒表面的琺瑯質。甜食富含蛀牙蟲最喜歡的糖分，因此當吃完甜食沒有刷牙就容易蛀牙。

蛀牙如放置不管，蛀洞會越來越大

對蛀牙置之不理，象牙質也會受到侵害，蛀洞甚至會一路延伸到「牙髓」。如此一來，吃進口中的食物或飲品便會直接接觸到神經，引起疼痛。

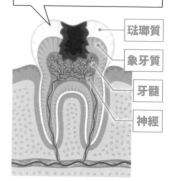

蛀牙時，
蛀洞可能一路延伸到牙髓

琺瑯質

象牙質

牙髓

神經

了解更多 唾液可清潔口中的酸性，有防治蛀牙的功效。

牙周病是什麼呢？

(關於牙周病)

**牙齒周邊的牙齦紅腫，
支撐牙齒的骨頭萎縮的疾病。**

臟
器

五
感

機
能

身
體
動
態

疾
病

身
體
網
絡

這樣就懂了！ **3** 個大重點

不是牙齒受損，而是支撐牙齒的構造生病了

蛀牙是牙齒本身受到蛀蝕的疾病。但牙周病並非牙齒受到傷害，而是在牙齒周圍負責支撐的牙齦及骨頭（齒槽骨）逐漸無法發揮作用的疾病。

一開始是牙周病細菌變多了

導致牙周病的牙周病細菌侵入牙齒及牙齦間的縫隙，並持續增生。一開始牙齦會感到腫脹，這就是牙齦發炎。牙齦發炎如果太過嚴重，甚至會侵犯到支撐牙齒的骨頭。

牙周病是造成掉牙的最大原因

當支撐牙齒的骨頭失去功效，牙齒便會開始搖晃最後掉落。成人的恆齒掉落後，因為不會再長出新的，是相當麻煩的事。成人掉牙最常見的原因就是牙周病。

**當支撐牙齒的骨頭受損，
牙齒就會變得搖搖欲墜**

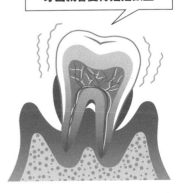

了解更多 造成牙周病的牙周病細菌約有100多種。

磨牙 為什麼不好呢？

(關於磨牙)

磨牙會讓牙齒會受到巨大的壓力，導致磨平或缺角。

這樣就懂了！ 3 個大重點

磨牙可能會對牙齒造成100公斤以上的壓力

「磨牙」指的是睡覺時，上下排牙齒相互摩擦的狀況。你是否有曾經被爸媽磨牙的聲音吵醒過呢？成人磨牙可能會對牙齒造成 100 公斤以上的壓力喔。

磨牙可能會使牙齒被磨平或缺角

如果持續有磨牙的狀況，可能會使的牙齒表面被磨平、造成缺角，還有下巴也會疼痛。如果磨牙的情形過於嚴重，在醫院可製作保護牙齒的防磨牙牙套喔。

小朋友的磨牙情況會自然改善

小朋友在由乳齒（小朋友的牙齒）換到恆齒（成人的牙齒）的換牙期間特別容易磨牙。透過磨牙可以影響牙齒要生長的位置，也可調整牙齒排列。所以，當牙齒長齊後，磨牙的情形自然就會好轉。

了解更多 因為悔恨而把牙齒咬緊的狀態我們稱為「咬牙切齒」。

大人的牙齒和小朋友的牙齒哪裡不一樣呢？

關於成人及幼童的牙齒

成人的牙齒因為要用一輩子，所以比起小朋友的牙齒更大且堅固，數量也比較多。

這樣就懂了！ 3 個大重點

小朋友的牙齒約在3歲時會長齊

小嬰兒一出生是沒有牙齒的。據說這是因為剛出生的嬰兒要喝媽媽的奶，有牙齒會不方便喝奶，所以一出生沒有牙齒。小嬰兒出生 7 個月後便會開始長牙，牙齒約在 3 歲的時候長齊。第一次長出來的牙齒我們稱為「乳齒」。

恆齒的琺瑯質及象牙質都比乳齒厚

乳齒隨著成長會逐一掉落，下方成人的牙齒則會慢慢長出。這些牙齒因為要使用一輩子，所以又被稱為「恆齒」。恆齒比乳齒來得大，因為要長久使用，所以覆蓋在表面的琺瑯質以及象牙質都比較厚，也更強壯。

配合下巴的大小，牙齒的數量也會增加

乳齒和恆齒的數量不同。乳齒全部只有 20 顆，恆齒包含智齒共有 32 顆。小朋友長大之後下巴也會變寬變大，牙齒不但變大顆、數量也會增加。

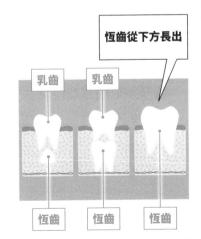

恆齒從下方長出

乳齒　乳齒

恆齒　恆齒　恆齒

了解更多 狗和貓也有乳齒及恆齒。爬蟲類則會持續換牙。

膀胱在體內負責什麼工作呢？

關於膀胱的作用

膀胱負責儲存尿液，是身體的儲水箱。

這樣就懂了！ **3** 個大重點

透過肌肉的收縮排出尿液

腎臟製造尿液，膀胱儲存尿液。膀胱的肌肉平常在放鬆的狀態下，出口會是關閉的。當要尿尿時，肌肉會收縮使出口打開以利排尿。

膀胱可儲存多少的尿液呢？

膀胱一次的儲尿量，成人約 300～400 毫升。當尿液量達 150～200 毫升左右時，膀胱便會告訴大腦「差不多該尿尿了喔」。在還有餘裕的時候先通知大腦，才不至於來不及上廁所。

膀胱無法由意識控制

膀胱由自律神經控制，所以我們無法依意識決定膀胱的動作。那為什麼我們可以憋尿呢？這是因為我們雖無法控制膀胱的肌肉，但是我們可以控制尿道的肌肉。

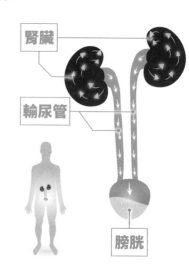

腎臟

輸尿管

膀胱

了解更多 尿尿時會釋出被稱為「幸福荷爾蒙」的血清素。

尿液是在哪裡製造的呢？

關於製造尿液的地方

尿液是由腎臟過濾出血液中不需要的物質而製造而成。

這樣就懂了！ 3 個大重點

尿液的真面目

食物的營養經由小腸吸收，在和血液一起在人體中移動。營養帶給人體動作時所需的能量，但人體不需要的物質也需要被排出。這些被排出的物質就是尿液了。

尿液的生成

充滿營養的血液進入腎臟時，會先進入腎小體中的過濾裝置「腎絲球」。在這裡，會區分人體需要的營養及不需要的物質。在過濾後出來的是還含有營養的「原尿」。

嚴謹的安檢

這時候尿液尚未製造完成。還要經過被稱為「腎小管」的微血管，將原尿中人體還需要的營養取出，剩下不需要的廢物才是尿液。

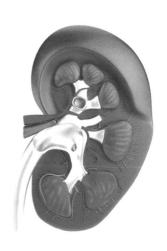

了解更多 每天每1分鐘流經腎臟的血液量約有1～2公升左右。

一天的尿液量大概有多少呢？

（ 關於尿量 ）

尿量雖因人而異，
成人尿量一天約有**1.5公升**。

這樣就懂了！ **3** 個大重點

季節會影響尿尿的次數
尿量會受性別、年齡或是季節、氣溫等影響，並沒有一定的答案。但每日尿量大約在 1.5 公升左右，是一個大寶特瓶的容量。

尿量及次數都受到控制
尿不出來或是太頻繁的尿尿都令人感到困擾。因此，大腦會分泌抗利尿激素，下指令給製造尿液的腎臟，命令其控制尿液的量以及尿尿的次數。

容易利尿的飲品
含有咖啡因的飲品像是咖啡、紅茶、茶飲等，或是富含鉀的橘子汁、葡萄柚汁等柑橘類飲品，常容易讓人想要上廁所。

了解更多 溫熱的尿液從身體排出使體溫下降，所以尿完尿之後身體會稍微抖動一下。

黃色的尿液和透明的尿液哪裡不一樣呢？

（ 關於尿液的顏色 ）

> 尿液一般是黃色的。但當攝取的水分較多時，尿液就會變得透明。

這樣就懂了！ 3 個大重點

尿液受到「尿膽素」的影響才變黃

尿液受到紅血球中豐富的尿膽素影響才會呈現黃色。平常尿液中尿膽素的量是固定的，但受到身體攝入水分的多寡顏色會變深或變淡。

尿液的顏色是健康的指標

尿液是在人體流動的血液經過腎臟後過濾出的廢物。因此，從尿液的顏色我們可以判斷身體的健康狀態，以及確認是否有生病的疑慮。

如果尿液是紅色或是粉紅色的話

當尿液中混雜了紅血球，會呈現紅色或是帶粉紅色的狀態，這就是「血尿」。血尿可能是因為與尿液相關的臟器出血導致。另外，當尿液混雜了白血球會呈現白濁狀，這就是「膿尿」。膿尿可能是因尿道感染造成。

了解更多 觀察尿液除了顏色、混濁度外，尿液中是否有「泡泡」也是確認重點。

為什麼會尿床呢？

(關於尿床)

因大腦無法準確傳達「尿尿」的指令，才會有夜尿的狀況。

這樣就懂了！ **3** 個大重點

尿量已經到達極限了卻沒有發現！？

通常膀胱中尿液量達到一定的程度，大腦便會發出「去尿尿」的指令，藉此排出尿液。但是因為小朋友的大腦還在成長發育，睡覺時大腦可能沒有意識到膀胱中的尿液已經到達極限，所以就不小心尿出來了。

小朋友的尿液儲存空間比較小

另一個影響小朋友尿床的原因，是因為小朋友的膀胱比較小，所以很容易就達到想要尿尿的尿量了。成人後因膀胱變大，另外腎臟及膀胱間也能良好的互相合作，較不會有尿床的困擾。

成人有時候會尿床

成人可能因壓力或是疾病的影響導致尿床。年長者因身體機能下降，尿床的機率也會變高。

了解更多 尿床正式的名稱叫做「夜尿」。

臟器　五感　機能　身體動態　疾病　身體網絡

讀過了！

月　　日

尿液檢查可以看出什麼呢？

（ 關於尿液檢查 ）

尿液檢查可得知是否有生病以及可能會得到什麼疾病。

~~~ 這樣就懂了！ **3** 個大重點 ~~~

透過尿液檢查確認尿液的成分

尿液中混雜了人體不要的成分及水分，但有時候也會有不應該出現的物質。尿液檢查就是負責確認尿液裡，是否有這些不應該出現的成分混入其中。

從尿液可以知道得了什麼疾病？

尿液檢查可確認與尿液相關像是膀胱、輸尿管、尿道、腎臟等部位的疾病。另外，也可確認糖尿病或是肝臟等部位的狀態。目前亦有尿液與癌症關係的研究，也許未來的某一天可以從尿液協助進行早期癌症的篩檢，值得期待。

尿液檢查常用於興奮劑檢測

尿液檢查除了確認是否有生病外，在奧運時，為了確保比賽公平性，會透過尿液檢查確認是否有食用強化肌肉的藥物（被稱為興奮劑檢測）。另外，尿液檢查也可得知是否服用麻藥等違法的藥物。

了解更多 採收及尿液時，因前段尿可能混有細菌，故需使用中段尿。

尿素是什麼呢？

(關於尿素)

尿素是體內蛋白質分解後產生的廢物。

這樣就懂了！ 3 個大重點

肝臟可協助分解毒素

腸內細菌在把食物分解成蛋白質時，會產生有毒的氨（阿摩尼亞）。肝臟可將氨轉換為無毒的尿素送往腎臟的過濾裝置，並混在尿液中排出體外。

如果氨留在體內的話……

如肝臟沒有發揮應有的功能，會導致血液中氨的濃度過高。人體中氨的濃度太高的話，可能導致大腦發生危害，相當的危險。

尿素氮過多過少都不行

尿素氮（BUN）指的是在尿素中氮的含量。如腎臟的過濾裝置無法確實發揮功效，氮的含量過高，會引起倦怠、沒有食慾，或是造成尿毒症。相反的，當氮濃度過低，可能就是肝臟的功能發生問題了。

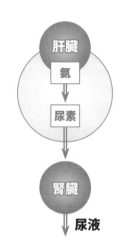

肝臟
氨
↓
尿素
↓
腎臟
↓
尿液

了解更多 尿素可以用人工製造，也被當作植物的肥料或是化妝品的原料使用。

吃完剉冰後為什麼會頭痛呢？

關於冰冷食物引起頭痛

突然吃進冰涼的食物，負責傳遞訊息到腦部的「神經」產生混亂、腦部血管突然擴張，造成頭痛。

這樣就懂了！ 3 個大重點

不知道要傳遞「冷」還是「痛」的訊息！

當吃冰冷的食物時，「冷」的訊息會透過神經傳遞到腦部。但是當在短時間內吃下大量冰涼的食物時，神經會發生混亂，想要將「冷」的訊息替換成「痛」，這時便會不小心把「頭部好痛」這樣的錯誤訊息傳遞至腦部了。

為了要幫口腔保溫，血液會往頭部流動

血液往腦部集中則是另一個造成頭痛的原因。當吃剉冰時口中會變得冰涼，人體為了要升高口腔的溫度，會將血液往頭部集中，使腦內流動的血液變多。當血流量變大，血管會突然擴張並壓迫到周圍的神經，造成頭痛。

是否會頭痛因人而異

吃冰的東西是否會頭痛其實因人而異。但這樣的頭痛只要過一段時間就會舒緩了，所以不用太擔心！但是吃冰的食物時，還是慢慢吃比較好喔！

> 吃剉冰的時候，
> 腦部血管會突然擴張，
> 引起頭痛

腦器

五感

機能

身體動搖

疾病

身體網絡

了解更多 醫學上稱這樣的頭痛為「冰淇淋頭痛」，而非剉冰頭痛。

緊張型頭痛是什麼呢？

（ 關於緊張型頭痛 ）

> 緊張型頭痛是因身心上的壓力引起，並會伴隨肩頸痠痛的頭痛。

這樣就懂了！ 3 個大重點

是慢性頭痛中最常見的頭痛類型

緊張型頭痛會慢慢的出現，且頭部後方會隱隱作痛，並同時有後頸緊繃、肩頸僵硬等症狀。但與其說是疼痛，更像是一種強力的壓迫感，或也可以說是被東西束住的感覺。

因壓力等心理因素造成

緊張型頭痛多為壓力等心理因素造成。許多人因持續失眠、煩惱，或是像結婚、轉換工作等生活環境上的變化，而造成症狀加劇的情形。

頭痛惡化的原因就藏在日常生活裡？

用眼過度、桌椅的高度不適姿勢錯誤也會造成頭痛加劇。另外頸椎變形、用力咬牙的習慣等也是造成頭痛變嚴重的原因。

> 緊張型頭痛時，頭部會感覺沈重並有強烈的壓迫感

了解更多 近期研究發現，緊張型頭痛與頭頸間肌肉的收縮並沒有因果關係。

偏頭痛是什麼呢？

(關於偏頭痛)

偏頭痛不是因疾病或外傷引起，而是不明的原因的慢性頭痛。

這樣就懂了！ 3 個大重點

好發於單邊的額頭或太陽穴的位置

偏頭痛較常發生在單邊的額頭或太陽穴等部位。但疼痛並非一直維在同一側，而且範圍也可能慢慢擴大。大多會隨著脈搏而有陣陣抽痛，亦可能有噁心想吐等症狀出現。

偏頭痛前可能會有徵兆

偏頭痛發生前，眼前會出現一閃一閃的鋸齒狀光線。身體的左側或右側可能會出現麻痺、無法使力的狀況。頭痛發生的頻率約一年 1 ～ 2 次，但發病期間幾乎每天都會出現頭痛，持續的時間的長短因人而異，從幾小時到數天不等。

偏頭痛原因尚未釐清

目前偏頭痛的成因尚未明朗。現在已知不正常的飲食、睡眠時間過多或過少、壓力、天氣變化、抽菸或化學藥品的味道等，都可能造成偏頭痛。

〈頭痛位置的差異〉

緊張型頭痛

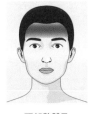

頭部整體及
後方位置

偏頭痛

單側額頭及太陽穴

了解更多 偏頭痛發生在女性的年齡層相當廣泛，尤其是在經期前後，症狀特別容易出現。

腦膜炎是什麼呢？

（ 關於腦膜炎 ）

包覆腦部和脊髓的腦脊膜發炎了。
初始症狀是頭痛。

這樣就懂了！ **3** 個大重點

成因會因為病原體不同有所差別

腦膜炎可能是因流感嗜血桿菌、腦膜炎雙球菌、葡萄球菌等細菌引起的細菌性腦膜炎，也可能是無菌性的腦膜炎。成因不同症狀也不大相同，但是不管是哪一種最先出現的症狀都是頭痛。另外也可能出現高燒、嘔吐、痙攣等症狀。

可透過接種疫苗預防

如是因細菌引起的腦膜炎，依種類不同可以給予抗生素。除此之外，透過充足的水分攝取協助體力恢復，待症狀減輕。依細菌及病毒種類不同，可透過疫苗接種預防染病。

引起流行性腦脊髓膜炎的腦膜炎雙球菌

腦膜炎雙球菌是唯一會引起腦膜炎流行的細菌，此病菌可在人與人間遞傳造成感染。病菌會由咳嗽或噴嚏傳播，並透過血液流至腦脊膜造成發炎。延遲治療可能會有生命危險。

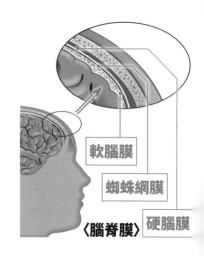

軟腦膜

蜘蛛網膜

硬腦膜

〈腦脊膜〉

了解更多 當鼻竇炎和中耳炎變嚴重時，也可能直接侵犯腦脊膜造成腦膜炎。

器官

五感

機能

身體動態

疾病

身體網絡

頭痛止痛藥
為什麼會有用呢？

(關於頭痛止痛藥)

頭痛藥可抑制某個引起頭痛的物質生成相關的酵素。

這樣就懂了！ 3 個大重點

阻止引起頭痛的物質產生

引起頭痛的前列腺素，須藉由環氧核酶這種酵素的協助而形成。止痛藥的成分，就是用來阻止酵素作用，使其無法生成導致頭痛的物質，藉此緩和疼痛。

疼痛會一個接著一個來？

前列腺素引起發炎，會導致疼痛或發燒等症狀。而發炎的情形又會使得更多的前列腺素產生。也就是說，疼痛會引起另一個疼痛的產生。所以儘早服用止痛藥，抑制前列腺素的生成，才能有效緩和疼痛的不適。

不用忍痛也沒關係

你可能會覺得「止痛藥好像會對身體不好」，所以在頭痛剛開始的時候就盡量忍耐。但這樣反而會使得前列腺素大量產生。所以痛的時候不要忍耐也沒有關係！

> **藉由阻擋被稱為環氧核酶的酵素，減緩疼痛**

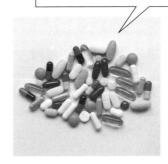

了解更多 在古時的希臘及中國會將柳樹當作止痛藥。

腦出血指的是什麼樣的疾病呢？

（ 關於腦出血 ）

腦內血管破裂導致出血就是腦出血。嚴重的話可能致命。

這樣就懂了！ **3** 個大重點

依出血位置不同，症狀也不一樣

腦出血指的是腦中的血管因某種原因破裂，在腦中形成出血的狀態。雖然症狀會依出血的位置以及大小有所差異，但在出血數分鐘後，便會出現頭痛、嘔吐、意識不清並伴隨麻痺等症狀。

造成腦出血的主因是高血壓

在日本中風的患者中，最多的就是腦出血。這是因攝取鹽分過高的食物，導致有高血壓的人非常地多。即便有即時治療，但因疾病引起的運動、記憶、情感障礙等後遺症，仍讓許多患者相當困擾。

早晨跟傍晚特別危險

腦出血易發生於血壓變動較為劇烈的白天。特別是 11 ～ 3 月的寒冬，早上 7 點～傍晚 5 點這段時間。當外出、洗澡、上廁所及情緒高漲的時候要特別注意。

〈腦出血〉

大腦中的血管破裂，使得腦部呈現出血的狀態

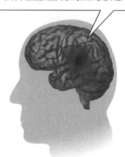

了解更多 中風（腦梗塞、腦出血、蜘蛛膜下腔出血）是日本人的三大死因之一。

蜘蛛膜下腔出血是什麼呢？

(關於蜘蛛膜下腔出血)

腦動脈瘤破裂，導致蜘蛛膜下大量出血，可能危及性命。

這樣就懂了！ **3** 個大重點

會有像被錘子錘到的劇烈疼痛

蜘蛛膜下腔出血時，會有像被錘子敲到的突發性劇烈疼痛。這是因為位於腦動脈中的動脈瘤破裂引起。天生動脈血管壁較薄可能是造成出血的原因。

依循「三分之一法則」

從蜘蛛膜下腔出血的患者中歸納出的「三分之一法則」，指的是發病的病患中，有三分之一會死亡、三分之一會留下嚴重後遺症，最後只有的三分之一能順利的回歸日常生活。

可注意的事前徵兆

約有 5% 的人腦中長有腦動脈瘤，但是腦動脈瘤破裂的比例其實只有其少數約 0.2～3% 左右。動脈瘤破裂前的徵兆有頭痛、影像出現重影、單眼張不開、眼睛所見的視野中有一部分看不到等。

動脈瘤破裂導致蜘蛛膜下腔出血

了解更多 抽菸、高血壓、飲酒過量等都與蜘蛛膜下腔出血有關。

肝臟在體內負責什麼工作呢？

（ 關於肝臟 ）

肝臟是人體裡的小型化學工廠。積極的協助消化過程中營養分解、合成及解毒。

這樣就懂了！ **3** 個大重點

肝臟是人體內最大的器官

成人肝臟的重量約 1 ～ 1.5 公斤，和腦的重量差不多。肝臟位於胃及十二指腸的上方，因血液聚集所以呈現暗紅色。作為人體的化學工廠，肝臟有相當特殊的血管「肝門靜脈」，負責運送由小腸吸收而來的營養。

肝臟的兩大功能是代謝及儲存

代謝指的是將食物及進入人體的營養等，進行化學的轉換。將營養分解成可被人體利用的物質，或是把酒類中酒精等有害物質分解成對人體無害的成分，這些都是肝臟所負責的重要工作。另外，肝臟也可以儲存分解後的營養喔。

肝臟可製造膽汁，調整血流量

肝臟除了上述的功能，還可以回收老舊的廢血，製造幫助腸道消化吸收的「膽汁」。因為肝臟可存放大量血液，對人體來說也有調節血流的作用。

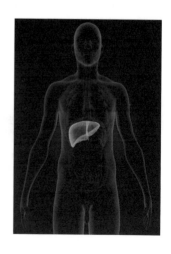

了解更多 即便經手術切除一半的肝臟，約4個月左右肝臟便可以復原到原本的大小。

第247天

臟器 「肝臟」之週
一 二 三 四 五 六 日

讀過了！

月　日

臟器

五臟機能

身體動態

疾病

身體結構

酒在體內是如何被分解的呢？

關於酒的分解

肝臟透過酵素將有害的酒精分解成水及二氧化碳。

這樣就懂了！ 3 個大重點

一步步解除酒精的毒性

首先，酒精會被肝臟中的酵素分解成乙醛，再來又被另外的酵素分解成醋酸。醋酸會經由血液在人體中移動，並在肌肉及脂肪內被分解為水及二氧化碳，透過尿液或呼吸排出體外。

將酒精分解成乙醛是關鍵

肝臟可將對人體有害的酒精分解成乙醛。但如分解的速度趕不上攝入的酒精量，體內的乙醛堆積，便會出現酒醉或宿醉的狀況。

啤酒一瓶的酒精量，肝臟需花費3～4個小時才可分解完畢

酒精分解的速度雖因人而異，但健康的成人，體重 1 公斤每小時約可分解 100 毫升。體重在 60 ～ 70 公斤的話，分解一瓶 633 毫升的大瓶啤酒之中 23 克左右的酒精，大約需花費 3 ～ 4 小時。

了解更多 不善飲酒的人，多是因肝臟分解乙醛的功能較不完備。

尿酸是什麼呢？

（ 關於尿酸 ）

尿酸是肝臟的代謝產物之一，
只要人體有在運作就一定會生成尿酸。

～～～ 這樣就懂了！ **3** 個大重點 ～～～

在食物或是老舊細胞的循環過程中都會生成尿酸

尿酸是肝臟代謝普林時的產物。普林是我們人體生存必備的能量，可以幫助身體活動、臟器運作，也是生成 DNA（第 179 頁）的材料。是細胞中必備的成分。

體內尿酸量大致都維持在一定的數值

一天製造的尿酸量約是 700 毫克。透過尿液及糞便排出的量也大約是 700 毫克。人體中尿酸的含量大致是固定的，這又被稱為尿酸池。尿酸有相當好的抗氧化作用，並非只是有危害的物質。

尿酸造成痛風

當飲食導致尿酸過多，在關節軟骨的位置會生成刺刺的塊狀「尿酸鹽結晶」。並促使人體的免疫機制發動攻擊，引起發炎、紅腫、疼痛，這就是痛風（第 196 頁）。

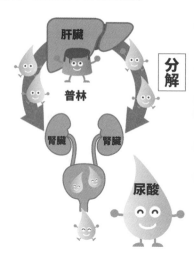

肝臟

普林

腎臟　腎臟

分解

尿酸

了解更多 隨著人類的演進，人體已不再有可突然變異分解尿酸的酵素。

脂肪肝
是什麼呢？

(關於脂肪肝)

**肝臟中三酸甘油酯聚集成塊，
是引起嚴重疾病的前兆。**

這樣就懂了！ **3** 個大重點

是無聲無息的肝臟疾病

當過胖或因糖尿病導致肝臟的代謝功能無法順利運作時，肝細胞內的脂肪便會堆積，當肝臟整體都有這樣的狀況就被稱為脂肪肝。健康的肝臟是暗紅色，但是脂肪肝會使肝臟變得大且白。

飲食、飲酒及節食都要量力而為

脂肪肝的成因，主要是過量飲食飲酒及運動不足導致脂肪堆積在肝臟所致。但是，當過度減重營養不足時，也可能造成脂肪肝。所以適度是非常重要的。

如對脂肪肝置之不理，
可能會造成肝硬化或肝炎

脂肪肝可能導致肝炎、肝硬化、肝癌等嚴重的疾病。另外也要注意，沒有在喝酒的人也有可能患有脂肪肝。

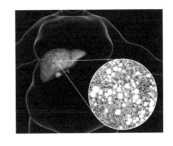

臟器

五臟

機能

身體動態

疾病

身體網絡

了解更多 肝臟疾病在變成重症之前沒有太多的症狀，所以肝臟又被稱為「沈默的器官」。

Ａ型肝炎、Ｂ型肝炎、Ｃ型肝炎哪裡不一樣呢？

（ 關於肝炎 ）

造成肝臟發炎的病毒不同，感染途徑也不同。

這樣就懂了！ 3 個大重點

肝炎指的是肝臟的細胞出現發炎的症狀！

肝炎病毒造成的急性肝臟細胞受損，被稱為病毒性肝炎。較為人熟知的病毒有 Ａ型、Ｂ型、Ｃ型三種。除了病毒引起肝炎外，藥物、酒精也是成因之一。

感染途徑不相同

Ａ型肝炎是吃入沾有病毒的食物而感染，特別像是生食的魚貝類等。Ｂ型肝炎及Ｃ型肝炎則是因含有病毒的血液進入人體而感染。急救箱中配置手套及面罩等，就是為了保護救護人員避免受到感染的防護措施。

3種肝炎在疾病的病程也不同

Ａ型肝炎及Ｂ型肝炎約數個月可痊癒。Ｃ型肝炎雖症狀較Ａ型肝炎來的輕，但有不少患者由慢性肝炎變成肝癌。

了解更多 100位急性肝炎的患者中，約有2人會是危急性命的猛爆性肝炎。

臟器

五感機能

身體動態

疾病

身體網絡

肝硬化是什麼呢？

(關於肝硬化)

肝硬化是肝臟細胞硬化導致肝臟無法發揮作用的疾病。

這樣就懂了！ **3** 個大重點

受損的肝臟會變硬且凹凸不平

與酒精、藥物、病毒、細菌對抗後的肝細胞，會因受傷而變硬。當肝臟中受損的細胞增加了，肝臟整體會變硬，並無法順利執行代謝及解毒的工作。

肝臟變硬會發生什麼事

健康的肝臟表面光滑，但當受傷的細胞變多之後，肝臟的表面及內部會變得不平整。如此一來肝臟中的血流變差，導致血管中的水分滲出引起腹水，使得肝臟更難以復原。

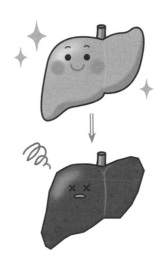

成因相當多，酒精、寄生蟲都可能造成肝硬化

造成肝硬化最為人知的是飲酒過量，但其實還有許多因素會導致肝硬化。舉例來說，在北狐（北海道赤狐）糞便中的寄生蟲包蟲也會引起肝硬化。

臟器　五感　機能　身體動態　疾病　身體疑難

了解更多 如果肝臟無法分解的毒素跑到腦部，會引起幻覺。

膽囊是什麼呢？

（ 關於膽囊 ）

膽囊是個能快速取用膽汁的「袋子」，負責儲存協助脂肪消化、吸收的膽汁。

這樣就懂了！ 3 個大重點

儲存膽汁的袋子

膽囊的長度約 10 公分左右，外型像茄子一樣，是負責儲存膽汁的臟器。膽汁每天由肝臟分泌製造，平常會儲存於膽囊中，需要時會釋放到十二指腸（第 206 頁）裡協助消化進行。

由肝臟製造並於十二指腸作用的膽汁

由肝臟製造的膽汁並無消化酵素。但是和胰臟分泌的胰液混合後，便可在十二脂腸內大顯身手。膽汁可幫助脂肪的分解喔。

膽汁可能在膽囊中形成沈積物，這就是膽結石

由肝臟到膽囊、膽囊到胰臟，膽汁流經的路徑我們稱為膽道。當膽道被膽汁的沈積物堵住了，這個就是被稱為膽結石的疾病。當膽道被結石堵住時，雖說可能會引起劇痛，但完全無感的人反而更多。

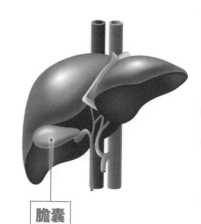

膽囊

臟器
五感機能
身體動態
疾病
身體相關

了解更多 糞便受到膽汁影響所以是咖啡色的。

耳朵內有什麼構造呢？

(關於耳朵的結構)

耳朵由外向內，分成「外耳」、「中耳」、「內耳」三個部分。

這樣就懂了！ **3** 個大重點

耳朵負責聽聲音及維持平衡

耳朵從耳道到耳膜的部分是「外耳」、耳膜往內的部分則是「中耳」。再往更深處，到一個像漩渦般捲起，內部有液體的管狀構造為止，就是「內耳」。人體便是透過這三個構造的作用，才可以聽見聲音並確實發聲。

「聽」的秘密

「外耳」負責廣泛收集外部的聲音，進入耳內後使耳膜震動，並透過「中耳」的三小聽骨將聲音傳遞至「內耳」，使內耳的液體震動，這個震動會透過神經轉換為訊號繼續傳遞至腦部，我們才能聽到聲音。

負責維持平衡的「內耳」

耳朵不只是用來聽聲音而已！我們的內耳，有感覺平衡及旋轉的「半規管」及「前庭系統」。當我們身體在活動時，半規管中的淋巴液也會跟著流動，讓感覺細胞可以感覺到人體動作的變化。也因為有這樣的構造，就算是站在斜坡上我們也可以保持平衡。

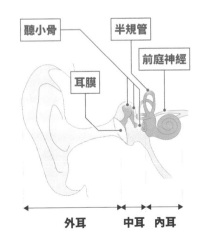

聽小骨　半規管

前庭神經

耳膜

外耳　中耳　內耳

了解更多 當旋轉後我們會感覺到頭昏眼花，這是因為即便停止旋轉，半規管內的淋巴液還是呈現旋轉流動的狀態。

耳膜在體內負責什麼工作呢？

(關於耳膜)

耳膜是耳朵內部最早藉由搖晃感覺到聲音的部位，並會將聲音的訊息傳遞到腦部。

這樣就懂了！ **3** 個大重點

最早感覺到聲音，並透過震動使我們聽到聲音

聲音經過外耳道，首先碰到的就是耳膜，並使其震動。耳膜的震動會帶動耳內的小骨頭及內耳液體的晃動，並且啟動神經將聲音的訊息傳遞至腦內。如果沒有耳膜帶起一開始的震動，我們就聽不見聲音了。

形狀像衛星天線

耳膜有三層，厚度非常的薄約 0.1 公釐，上面有血管及神經通過。耳膜像橡膠般帶有彈性，中間的部分些許下凹，形狀上與其說像是膜更像是衛星天線的樣子。

> 沒有耳膜的話
> 我們就聽不見聲音了

不管聲音多大都不會破裂

很多人有聽過「聲音太大會使耳膜破裂」這個說法。但基本上耳膜如果只受到聲音的衝擊，是不大可能破裂的。但耳膜對於物理性的刺激相當脆弱，像是大力地敲打或是掏耳朵等，就有可能使耳膜破裂。如果是小部分的受損可以自然修復，但傷口太大就必須透過手術治療。

了解更多 如果擤鼻子太大力，空氣的壓力可能造成耳膜破裂，要相當注意。

耳朵進水時會有像異物敲打的砰砰聲，是為什麼呢？

（ 關於耳朵內部 ）

暫時流至耳膜凹陷處的水分擠壓到耳膜內側空氣，使我們感覺到砰砰的聲響。

這樣就懂了！ **3** 個大重點

耳朵的溫度可以使水分自然蒸發

當耳朵進水時，水容易聚集在耳膜前側的凹陷處，並使耳膜沾附水分。耳膜的內側有一個充滿空氣的小腔室「鼓室」，因為耳膜被水分及空氣夾擊，才會聽到像是砰砰的聲音。通常在聽到聲音不久後，當水分蒸發，這樣的聲響就會消失了。

不可以過度清潔

如想盡快清除耳朵中的水分，可以傾斜頭部把進水的耳朵朝下、拉耳垂、捏著鼻子輕輕吐氣等。在進水的耳朵外放一條毛巾後再側躺，這樣的方法也相當有效。如果硬是使用棉花棒清潔，很有可能會傷及耳膜，相當地危險。

如果狀況持續無法改善可能是疾病造成

假使耳朵內部受傷了，可能會引發中耳炎。如果好幾天狀況都沒改善的話，就要注意是否是耳膜或是耳道的疾病引起，也有可能是梅尼爾氏症（第281頁）造成。這時候一定要就醫確認。

因耳膜被鼓室中的空氣及水分夾擊，所以會聽到砰砰的聲音

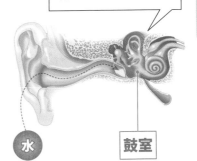

水　　　鼓室

了解更多 如果耳垢堆積，可能因耳垢膨脹導致聽不大清楚。

為什麼會耳鳴呢？

(關於耳鳴)

當耳朵機能異常，大腦過度活化時便會造成耳鳴。

這樣就懂了！ **3** 個大重點

明明沒有聲音但卻聽到聲音

實際上並沒有聲音，但耳朵卻有聽到聲音的感覺，這種聽到異常聲音的狀態我們就稱為「耳鳴」。只限患者能聽到的耳鳴噪音稱為「自覺性耳鳴」，患者與旁邊的人都能聽到的噪音稱為「他覺性耳鳴」。

因為聽不清楚
反而刺激腦部呈現興奮的狀態

靠近耳朵的血管異常、下巴的異常或是中耳炎等狀況，都會使聽力受到影響。這時腦因為想要聽到聲音會過度活化，引起耳鳴的現象。

耳鳴成因

噪音、頭部受傷、藥物等毒素，或是高血壓、腦部病變等，都有可能引起耳鳴。但是，也有許多耳鳴的狀況找不出原因，可能是生病的前兆、也可能變成「重聽」。如果有耳鳴的狀況請儘速就醫。

**實際上沒有聲音，
但卻感覺且聽到聲音的狀態**

了解更多 聽到人聲或是音樂這種的狀態叫做「幻聽」，而非「耳鳴」。

為什麼會暈車呢？

(關於暈車)

當環境突然出現速度或是傾斜的變化，導致視覺和半規管感覺失衡、腦部判斷混亂，便會暈車。

這樣就懂了！ 3 個大重點

耳朵深處的半規管功能異常

當搭乘交通工具時，身體只有上下搖晃但是景物卻是橫向移動。這時耳朵內部主管平衡的半規管發生異常，引起暈車的感覺。

身體不適較易暈車

暈車時，自律神經也會促使腸胃引發不適，導致嘔吐。這種狀況特別容易發生在半規管及自律神經尚未發展完全的小孩身上。另外，當車子廢氣的味道、睡眠不足、吃太多或是空腹等都有可能引起暈車。

預防暈車的方法

為了防止暈車，在出門前一天要確實休息、搭乘交通工具前不要吃太多東西，確實調整身體的狀態非常重要。另外，也不要在車內看書或打電動，這樣會更容易暈車喔。

搭乘交通工具時，
半規管的功能發生異常，
導致暈車。
暈車時也常會出現嘔吐的狀況

了解更多 開窗、看遠方等，對於預防暈車相當有效。

臟器
五感
機能
身體動態
疾病
身體構造

中耳炎是什麼樣的疾病呢？

(關於中耳炎)

因病毒或細菌導致耳膜內側發炎腫脹的疾病。

這樣就懂了！ 3 個大重點

細菌會從口鼻或是耳朵進入人體

中耳有與喉嚨相連負責調節鼓室壓力的管道「耳咽管」。當感冒導致喉嚨及鼻子發炎時，細菌就可能從耳咽管跑到耳朵。另外，游泳也可能會讓細菌由耳朵進入人體。

劇烈疼痛及耳漏是中耳炎的特徵

患有中耳炎時，耳朵會出現劇烈疼痛，並且有塞住的感覺，也可能伴隨黃色液體流出。如症狀嚴重，會出現耳膜破裂並「流膿」的情形。小孩子的耳咽管較短，更容易得到中耳炎。

中耳炎分成「急性」及「慢性」

上述提到的症狀都是屬於「急性中耳炎」。除此之外還有「慢性中耳炎」及「積液性中耳炎」。急性中耳炎如果不積極治療，就可能變為「慢性」或是「滲出性」中耳炎，並需靠手術治療。亦可能引發其他疾病，需要非常注意。

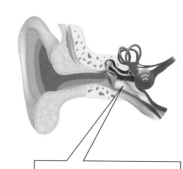

細菌從耳咽管進入耳朵引起中耳炎

器官

五感

機能

身體動態

疾病

身體網絡

了解更多 中耳炎的初始症狀是劇痛，如疼痛趨緩也不可以掉以輕心，須立即就醫。

梅尼爾氏症指的是什麼呢？

（ 關於梅尼爾氏症 ）

梅尼爾氏症是因內耳異常導致反覆出現「暈眩」及「噁心」的疾病。

這樣就懂了！ 3 個大重點

梅爾尼氏症伴隨「耳鳴」及「重聽」等症狀

因不明原因內耳內側的淋巴液無法正常代謝，過量的淋巴液壓迫到神經，導致突發性暈眩及噁心的感覺反覆出現，這就是梅尼爾氏症。梅尼爾氏症可能伴隨耳鳴、重聽、平衡感異常等症狀。

壓力及過勞是梅尼爾氏症成因之一

雖尚未得知確切引起梅尼爾氏症的原因，但因此病症較少出現在年長者身上，較常見於 30～50 多歲左右的族群，可推測壓力及過勞是導致發病的主要的原因。如果持續有暈眩及輕飄飄的感覺，就要警覺可能是得到梅尼爾氏症了。

多以藥物治療為主

當暈眩發作時，有些人的暈眩只會發作一次，但也有人會長時間並反覆發生。因為尚未找出可以治本的療法，當狀況不佳時，以藥物舒緩不舒服的症狀為主要的治療方式。

普羅斯珀·梅尼爾
（法國醫生）

了解更多 梅尼爾氏症最早是由法國的醫生普羅斯珀·梅尼爾 (Prosper Ménière) 提出報告，故以其名字命名。

殺手T細胞是什麼呢？

關於殺手T細胞

殺手T細胞會攻擊被病毒感染的細胞以及入侵人體的病原體。

這樣就懂了！ 3 個大重點

它是負責殺死病原體的殺手

T細胞可以分為三種：殺手T細胞、輔助性T細胞和調節性T細胞。殺手T細胞會直接攻擊被病原體感染的細胞、癌細胞等等，顧名思義就是可以殺死病原體的殺手。

殺手T細胞會聽從輔助性T細胞的指令來行動

免疫細胞中的輔助性T細胞像是指揮官，它先從嗜中性球、樹突細胞、巨噬細胞等細胞獲得關於病原體的情報，再發出指令。殺手T細胞則會聽從指揮官的指示，攻擊病原體以及被病原體感染的細胞。

和其他T細胞一起在胸腺發育成熟

T細胞在骨髓生成，並在胸腺成熟。一開始被稱為「初始T細胞」（第285頁）。而當初始T細胞遇到病原體後，會變成「作用型T細胞」，之後再轉變成輔助性T細胞、殺手T細胞。

調節性T細胞	輔助性T細胞
負責抑制殺手T細胞的作用，並終止免疫反應。	思考如何對抗病原體，並將訊息傳給殺手T細胞。

T細胞

殺手T細胞
直接攻擊被病毒等感染的細胞。

了解更多 殺手T細胞會受到樹突細胞的刺激而強化。

輔助性T細胞指是什麼呢？

（ 關於輔助性T細胞 ）

輔助性T細胞負責規畫如何對抗病原體，就像是免疫細胞中的指揮官。

這樣就懂了！ 3 個大重點

計畫如何攻擊病原體，像是免疫細胞的指揮官

輔助性 T 細胞從巨噬細胞、樹突細胞獲得關於病原體入侵的情報，接著開始思考對抗病原體的作戰計畫。待作戰計畫完成後，便將指令傳送給 B 細胞（第 286 頁）和殺手 T 細胞。

可強化巨噬細胞以及B細胞

若這次是被之前感染過的病原體入侵，輔助性 T 細胞便會活化巨噬細胞，並促使 B 細胞趕緊生成抗體。

輔助性T細胞功能不佳時，身體會受到很大的影響

當輔助性 T 細胞能力變差時，便無法對免疫細胞發出指令。這樣的話，免疫細胞就不能好好作用，連平常能處理的病原體都無法抵抗，這種情形就稱為免疫不全。由此可知，輔助性 T 細胞在免疫中扮演了非常重要的角色。

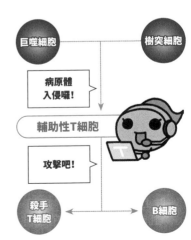

巨噬細胞　　樹突細胞

病原體入侵囉！

輔助性T細胞

攻擊吧！

殺手T細胞　　B細胞

了解更多 輔助性T細胞活化時，可透過自己分泌的化學物質使細胞數量增多。

臟器

五感

機能

身體動態

疾病

身體網絡

嗜中性球是什麼呢？

(關於嗜中性球)

> 嗜中性球是對抗入侵病原體的其中一種白血球。人體中50～60%的白血球是嗜中性球。

這樣就懂了！ **3** 個大重點

雖然體型很小，但卻大量存在血液中

白血球是血液中負責抵抗敵人的細胞，而嗜中性球是其中一種白血球。嗜中性球的大小約 0.01 ～ 0.013 公釐那麼小，每 1 毫升的血液中就會有 350 ～ 900 萬顆嗜中性球。

嗜中性球可以穿越血管壁

嗜中性球具有像受體的功能，這功能是為了能夠追趕病原體。當嗜中性球發現病原體所在之處，便會通過血管壁抵達病原體旁邊，因此可以到達身體的任何地方。這樣的「趨化作用」就是它的特性之一。

嗜中性球的兩種特技

嗜中性球具有將細菌或病毒吞食分解的特技「吞噬作用」。當身體發生發炎反應時，嗜中性球會快速前往發炎的部位，並具有和附著在血管壁上的特技「接合作用」。但是，嗜中性球在離開血管 2 ～ 5 天後便會死亡。

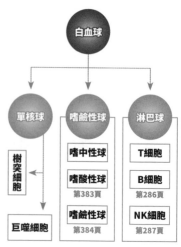

白血球

單核球　　嗜鹼性球　　淋巴球

樹突細胞　　嗜中性球　　T細胞
　　　　　　嗜酸性球　　B細胞
　　　　　　第383頁　　 第286頁
巨噬細胞　　嗜鹼性球　　NK細胞
　　　　　　第384頁　　 第287頁

了解更多 除了嗜中性球之外，還有嗜酸性球、嗜鹼性球、淋巴球、單核球等白血球。

初始T細胞是什麼呢？

(關於初始T細胞)

尚未和細菌、病毒等作戰過，還是半吊子的T細胞。

這樣就懂了！ **3** 個大重點

在骨髓生成，在胸腺成熟

T細胞在骨髓中生成，並在此形成許多免疫細胞的前趨細胞，稱為「前驅T細胞」。之後，T細胞便從骨髓移動至胸腺（第48頁）發育成熟，形成初始T細胞。

還沒和病原體對戰過的半吊子

初始T細胞是尚未和細菌、病毒等病原體對抗過的半吊子細胞。在遇到病原體後的樹突細胞活化下，初始T細胞變成「作用型T細胞」，之後再演變成輔助性T細胞及調節性T細胞。

一部分的初始T細胞會形成殺手T細胞

初始T細胞上有稱為CD8的蛋白質，形成作用型T細胞後，會再形成殺手T細胞。

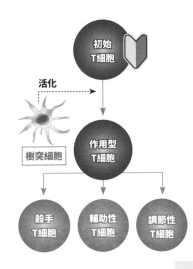

活化

初始
T細胞

樹突細胞

作用型
T細胞

殺手
T細胞

輔助性
T細胞

調節性
T細胞

了解更多 透過與細菌和病毒作戰，會使初始T細胞進化。

器官

五感

機能

身體動態

疾病

身體結構

B細胞是什麼呢？

（關於B細胞）

B細胞是白血球中淋巴球的一種，負責產生對付抗原的「抗體」。

這樣就懂了！ 3 個大重點

利用抗原受體與抗原進行結合

B 細胞是淋巴球的一種，具有能與入侵人體的異物（抗原）結合的受體。一個 B 細胞上只會有一個種類的抗原受體，會和相對應的抗原有很好的結合效果。

經由T細胞的幫助而形成抗體

B 細胞會釋放稱為「細胞激素」的蛋白質，以告訴 T 細胞「對手是什麼樣的抗原」。當輔助性 T 細胞發出指示，B 細胞便會製造「抗體（第 47 頁）」並追捕抗原。抗體本身是由叫做「免疫球蛋白」的蛋白質所構成。

在骨髓生成，在淋巴結和脾臟發育成熟

B 細胞在骨髓中生成，但並不是所有 B 細胞都能順利生長。存活下來的 B 細胞會移動到淋巴結和脾臟（第 323 頁）等部位，進而發育成熟。

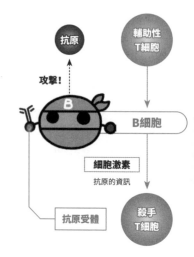

抗原　輔助性T細胞

攻擊！

B細胞

細胞激素
抗原的資訊

抗原受體

殺手T細胞

了解更多 為了製造對抗初次遇到的病原體的抗體，大概需要一週左右的時間。

NK細胞 是什麼呢？

關於自然殺手細胞

當發現癌細胞或被病原體感染的細胞時，NK細胞會進行攻擊。

臟器
五感
機能
身體動態
疾病
身體網絡

這樣就懂了！ **3** 個大重點

不需指令也可攻擊異常細胞

NK 細胞又稱為自然殺手細胞，是白血球分類下淋巴球的一員。它會在人體內巡邏，一旦發現像癌細胞或是被病原體感染的可疑細胞，便會發動攻擊。NK 細胞的特色是，它就算沒有輔助型 T 細胞的指示也可以進行攻擊。

活躍的先天性免疫

NK 是「Natural Killer」的簡稱，顧名思義表示這種細胞是天生的殺手。為了殺死細胞，它會釋放特殊的蛋白質，在這些細胞的膜上打洞來進行攻擊。當病原體入侵人體時，NK 細胞在「先天性免疫」中扮演十分活躍的角色。

適度的運動與開心的心情 可以使NK細胞增加

運動可以增加 NK 細胞的數量，但太激烈的運動反而會使其減少。此外，壓力也會使 NK 細胞數量變少，反之，心情開心時 NK 細胞會增多。

就算沒有輔助型T細胞的指示，也可以進行攻擊！

了解更多 由於NK細胞會攻擊癌細胞，因此也被利用來做為癌症的一種治療方法。

巨噬細胞是什麼呢？

（ 關於巨噬細胞 ）

巨噬細胞會率先追趕入侵的病原體，並且通知輔助型T細胞。

這樣就懂了！ 3 個大重點

傳遞病原體的相關情報

巨噬細胞會吞食入侵人體的病原體，並將訊息傳遞給輔助型 T 細胞。這些訊息對其它的免疫細胞也十分重要。此外，巨噬細胞也負責清除已經死亡的細胞，並協助紅血球的前身「紅血球母細胞」的發育。

避免病原體增加，趕快把它們吃掉

病原體入侵後，白血球中的單核球（第 386 頁）便跑到血管外面形成巨噬細胞。為了不讓病原體繼續繁殖增生，巨噬細胞會攻擊病原體並將它們吞掉。

吞食病原體，
並將訊息傳遞給
輔助型T細胞！

在人體的許多部位都十分活躍

巨噬細胞會像變形蟲一樣改變形狀，所以可以到身體的任何地方。依照所在部位不同，它的名稱、顏色和形狀也不相同。在淋巴結叫做巨噬細胞，在肺部稱為肺泡巨噬細胞，在肝臟則叫做庫佛氏細胞。

了解更多 巨噬細胞會吃掉病原體和死亡的細胞，所以又被稱為「大胃王細胞」。

臟器　五感　機能　身體動態　疾病　身體網絡

斜肩跟平肩
哪裡不一樣呢？

（ 關於鎖骨 ）

人類與生俱來的肌肉樣態本來就不相同，但這可以靠訓練來改變。

腕 骨

五 感

機 能

身體動態

疾 病

身體調節

這樣就懂了！ **3** 個大重點

「斜肩」及「平肩」是什麼呢？

從脖子下方延伸到肩膀的骨頭我們稱為鎖骨。如果鎖骨往肩膀的方向朝下，我們稱為「斜肩」。相反的，如果往上一些我們則稱為「平肩」。主要是以鎖骨的位置與地面平行與否進行判斷。

斜肩、平肩是天生的嗎？

斜肩還是平肩，除了當受到天生肌肉附著方式差異的影響，平常我們習慣的身體動作也會影響體態的變化。舉例來說，像是長時間使用電腦會導致駝背，肩膀也會固定在偏上方的位置。

斜肩、平肩都很容易有肩膀疼痛的情形

不管是斜肩或是平肩，都是因為肌力的平衡受到破壞才產生的狀態。因此不管哪一種只要某部分肌肉緊繃，就容易有肩頸疼痛的狀況出現。不要一直維持在相同的姿勢，適時的動動身體相當重要。

鎖骨

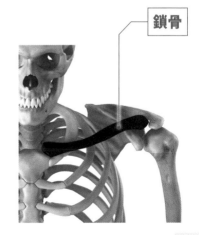

了解更多 斜肩的人穿起和服似乎更好看。

五十肩是什麼呢？

（ 關於五十肩 ）

五十肩會從肩膀到手腕感到疼痛，並且無法自由活動。

這樣就懂了！ 3 個大重點

導致疼痛及活動困難的原因

隨年齡增長，組織內會引起發炎等反應，導致肩膀的關節無法順暢活動，也會使手腕舉高這個動作會變得更加困難。特別是手腕要向外側旋轉時，會感到相當地疼痛。

肩膀僵硬及五十肩的差別在哪裡？

肩膀僵硬主要是因肌肉緊繃導致血流不順引起。姿勢不良、運動不足、壓力等都可能導致肩膀僵硬。五十肩則是因包覆肩關節的關節囊及肌腱發炎，進而引起疼痛的症狀。

五十肩的治療及預防方法

主要的治療方法是舒緩肩關節的緊繃，試著擴大肩關節的活動範圍。預防方法則是要特別注意避免駝背等不正確的姿勢。另外，如果床太硬也可能會導致腰痛，所以要選擇軟一點的床比較適合。

了解更多 五十肩醫學上的名稱為「沾黏性肩關節炎」。

頸椎僵直是什麼呢？

(關於頸椎僵直)

原本應該呈現「く」字型的頸椎變直了。

這樣就懂了！ **3** 個大重點

頸椎僵直容易造成頭痛及肩膀酸痛

我們的脖子帶有些微的弧度，藉此減輕頭部重量帶來的壓力。頸椎僵直指的就是這個弧度消失了，頸椎變成直線的狀態，如此一來便容易造成肩膀痠痛。也因為送到腦部的血液量減少，也容易出現頭痛的症狀。

看手機的姿勢可能會造成頸椎僵直

使用手機是造成頸椎僵直的主因。當低頭看螢幕時，脖子會一直呈現向下彎曲的狀態，這樣對身體有非常不好的影響。另外，像是睡覺的枕頭太高、使用不適合身高的桌椅等，都容易導致頸椎僵直的發生。

正常

如何預防頸椎僵直？

平常就要保持正確的姿勢非常重要。從側面看過來，兩腳內側需貼地面且背部需挺直才是好的姿勢。在讀書時也要特別注意自己的姿勢喔。

頸椎僵直

 **了解更多** 頸椎僵直在日本又被稱為「手機頸」。

椎間盤突出是什麼呢？

(關於椎間盤突出)

在脊椎中作為緩衝的椎間盤呈現外凸的狀態，就是椎間盤突出。

這樣就懂了！ **3** 個大重點

脊椎的軟骨受到擠壓，向外突出！

脊椎是由許多脊椎骨組成，脊椎骨與脊椎骨中間夾著被稱為「椎間盤」的軟骨。隨年齡增長，如長期維持過度壓迫的姿勢，椎間盤受到擠壓便會向外凸出並壓迫到神經。這就是被稱為椎間盤突出的疾病。

可能讓手腳的活動變得困難

椎間盤突出可能使手腳出現麻痺的症狀，並讓感覺變得遲鈍。前傾時會感到疼痛，漸漸無法自己穿鞋等。即便一直不動也會感覺不適。

預防及治療椎間盤突出的方法是什麼？

除了維持正確的姿勢，規律的運動也相當重要。特別是隨年紀增長，要避免半蹲及提拿重物等，會造成腰部負擔的動作。如果有相關症狀在醫院可以使用藥物治療，或透過打針、復健改善症狀。

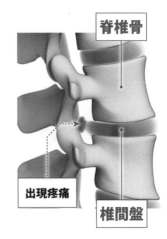

脊椎骨

出現疼痛

椎間盤

了解更多 「突出」指的是「偏離原本的位置」。

為什麼會腰痛呢？

（ 關於腰痛 ）

引起腰痛的原因很多，
也可能是因為嚴重的疾病造成。

這樣就懂了！ 3 個大重點

引起腰痛的原因很多

造成腰痛的原因很多，像是椎間盤（第 292 頁）及骨頭變形、腰部的肌肉有異常等，都可能出現腰痛的情形。另外，壓力也可能引起腰痛喔。

為什麼腰會覺得痛呢？

駝背會使椎間盤及關節受到壓迫導致受傷，並引起疼痛。脊椎是由被稱為脊椎骨的骨頭堆疊而成，因為周圍包覆著肌肉，如果駝背會使脊椎的關節受到極大的壓力。

腰痛亦可能是危及生病的疾病導致

如果腰部突然引起劇痛，也有可能是其他疾病造成。像是大動脈瘤破裂時，腰部的血管因為膨脹破裂而引發腰痛。如發現有異狀請盡快前往醫院。

了解更多 腰痛的情形改善可使腸道及腰部周邊的血流更加順暢，胃部及腸道的機能也會變好。

為什麼年紀增長會出現彎腰駝背的狀況呢？

(關於腰的老化)

隨年齡增長，骨密度降低，
骨頭變得更容易受損。

這樣就懂了！ 3 個大重點

骨密度下降是導致彎腰駝背的原因之一

骨頭內部結構有多扎實，就是我們所謂的骨密度。隨年齡增長，骨密度會逐步下降，骨頭內部逐漸變得疏鬆，漸漸的支撐不住脊椎的重量，導致彎腰駝背。

O型腿也是造成彎腰駝背的原因

站立時，若有雙膝無法併攏的狀況就是 O 型腿（第 89 頁），O 型腿會使腹部不好施力，造成脊椎無法呈現一直線，進一步出現彎腰駝背的狀況。

要如何提升骨密度呢？

為了要提升骨密度，確實地攝取鈣質、維生素 D、維生素 K 等營養素相當重要。像是單腳站立、深蹲、散步、曬太陽等運動都有所幫助。

了解更多 狗也會因年齡增長出現彎腰駝背的狀況。

閃到腰是什麼呢？

關於急性腰痛

當因拿重物等因素導致腰部突然痛到無法動彈，這就是急性腰痛。

這樣就懂了！ **3** 個大重點

閃到腰會相當疼痛

當我們抬起重物，腰部周圍突然有像電流流過的刺痛感，甚至完全無法動彈。這種因為腰部周邊的肌肉或韌帶（第 193 頁）受傷，所以引起的「急性腰痛」，也就是我們俗稱的閃到腰。

造成急性腰痛的原因很多，運動不足也是成因之一

會閃到腰的原因很多，「運動不足」、「平時姿勢不良」、「疲勞」、「寒冷體質」、「肥胖」、「壓力」、「舊傷引起」等，都是可能的原因。運動不足或是疲勞的時候更該注意。

閃到腰時該怎麼辦呢？

閃到腰時要先冰敷。但冰敷會導致血流變差，所以要再接著熱敷促進血液流通。特別要注意的是不要勉強移動。如果太過嚴重還是叫救護車送醫較好。

了解更多 因為閃到腰時相當疼痛，在歐美又被稱為「女巫的一擊」(Hexenschuß／Hexenschuss)。

成癮是什麼呢？

(關於成癮症)

對於某些人、事、物過於執著，
陷入無法抽離的狀態。

這樣就懂了！ 3 個大重點

成癮對象可以是「物質」、「行為」、「人」

成癮可分為對酒精、藥物等「物品」的成癮（物質成癮）；對遊戲機、網路、智慧型手機等「行為」的成癮（行為成癮）；以及對 DV（家庭暴力）、虐待等「人」的成癮（關係成癮）三大類別。

成癮涉及身心兩方面

成癮可能造成生理疾病（因酒精成癮引起的急性肝炎、腦中風及認知障礙症等）及飲食障礙（第 203 頁）。也可能引起心理上的疾病（對成癮並無自覺）。

成癮的原因是什麼？

成癮依種類不同成因也相當紛雜，像是「和家人及同儕間的關係不佳」、「被喜歡的人拋棄了」、「對自己沒自信」等狀況下的壓力及不安，這種心理層面上的煩惱，導致成癮的狀況相當常見。

了解更多 無法停止偷竊的竊盜癖，以及對兩性關係成癮的戀愛成癮症等都是成癮症。

臟器
五感
機能
身體動態
疾病
身體網絡

成癮與中毒
哪裡不一樣呢？

（ 關於成癮與中毒的差異 ）

**成癮是就算意識到問題但無法輕易停止，
中毒則須接受治療的狀態。**

這樣就懂了！ **3**個大重點

「濫用」是導致成癮及中毒的元兇

當不遵循法律規範不正確的使用藥物，如未成年飲酒或吸菸，就被稱為「濫用」。
長時間濫用就稱為成癮，如果因濫用導致疾病便稱為「中毒」。

成癮分成精神上的成癮及
身體上的成癮兩種

成癮指的是「想要戒掉但是卻戒不掉」的狀態。
而成癮狀態分成身心兩種。身體上的成癮，就
像是如果不喝酒或是抽菸，身體就會感到不舒
服。心理上的成癮，是無法克制的想喝酒或是
抽菸的慾望，如無法滿足需求就會感到焦慮。

中毒分成慢性及急性兩種

中毒可分為「慢性」及「急性」兩種。當一股
腦的喝酒，可能會造成急性酒精中毒，非常危
險要特別注意。慢性中毒，則是一度成癮的人
在戒掉後所留下的後遺症。

成癮

**想要戒
卻戒不掉
的狀態**

中毒

**已經是疾病，
需要治療
的狀態**

了解更多 劑量一次吃1顆的藥物，如果一次吃3顆就是「濫用」。

酒對身體會有什麼影響呢？

（ 關於酒精 ）

大部分的酒精會被肝臟分解，並轉換為無害的物質排出體外。

這樣就懂了！ **3** 個大重點

酒精進入人體後引起的運作機制

飲酒後酒精進入人體，被胃及腸道吸收後，大部分都會到肝臟做下一階段的處理。這時因會產出對人體有害的乙醛，必須透過酵素的作用將其代謝成醋酸，並排出體外。

酒量好壞因人而異

酒量好壞由體內能分解乙醛的酵素多寡決定。喝酒後會臉紅，主要是因為乙醛無法被完全代謝。另外，也可能出現心跳加快、血壓上升、頭痛、噁心等狀況。

「酒量很好」指的是什麼呢？

原本不太能喝酒的人，卻越喝、酒量越好，這是被稱為「酵素誘發作用」的現象，因為更多酵素被用來代謝乙醛，使得酵素代謝能力變好，酒量也變好了。但是酒量會不會變好其實因人而異，所以量力而為最重要！

〈代謝〉

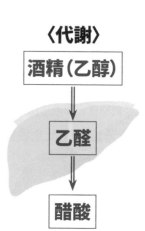

酒精（乙醇）

↓

乙醛

↓

醋酸

了解更多 日本人約半數的人有不擅喝酒的基因。

抽菸為什麼對人體有害呢？

(關於吸菸)

菸品中有大量的「尼古丁」及「致癌物質」，會傷害人體細胞。

這樣就懂了！ 3 個大重點

無法戒菸是受到「尼古丁」的影響

在菸草的煙中，其中一個重要的成分就是尼古丁。尼古丁會誘發人體分泌被稱多巴胺的快樂物質，使心情愉悅。當沒有尼古丁的時候，這種快樂的感覺就會消失，為了追求這種快樂的感覺，就會出現無論如何都想要抽菸的戒斷症狀。

抽菸會誘發多種疾病

菸草的煙包含 70 多種致癌物質，甚至會傷害到人體細胞的 DNA。如果影響持續發生，便會產生癌細胞。也可能造成血管阻塞的心臟病、腦中風、肺部的肺泡壞死等肺部疾病。

> 菸煙中的尼古丁會促使
> 人體分泌多巴胺，
> 進而產生愉悅的感覺

被動吸菸，不抽菸的人也會受到二手菸的影響

吸入了二手菸，又稱為「被動吸菸」。即使是不抽菸的人，被動吸入二手菸會使出現腦中風、肺癌、心肌梗塞及心臟病等疾病的風險提高。

了解更多 吸菸會導致懷孕婦女流產機率增高。

麻醉藥品為什麼對人體有害呢？

(關於麻醉藥)

麻醉藥品使用後無法輕易抽離，而傷害身心。

這樣就懂了！ **3** 個大重點

麻醉用藥是把雙面刃

麻醉藥品有很多種，但多指的是如果停止食用會產生戒斷症狀，有濫用疑慮的藥物。但如掌握使用的成分含量，便可用於麻醉等場合，所以麻醉藥品的使用也是要依狀況決定。

興奮劑是從日本發跡的麻醉藥品

興奮劑使用了天然物質與化學物質混合，是在日本研發的麻醉藥品。大量服用後會變得多話、不安、興奮且不想睡。嚴重的話可能會產生錯亂及攻擊行為。

大麻影響身心

大麻是麻醉藥品的一種。吸食大麻後，會有像是喝酒醉的感覺，並有手腳麻痺、口渴、暈眩、嘔吐，甚至是出現幻覺的狀況。這類藥物在法律上受到限制，是不可以持有的藥物。

麻醉藥物會使身心受到侵蝕

了解更多 茶飲及咖啡中所含有的咖啡因，也是被視為麻醉藥物的一種興奮劑。

賭博
也會成癮嗎？

(關於賭博成癮)

**自己無法控制自己的行動，
賭博也會成癮。**

這樣就懂了！ **3** 個大重點

曾透過賭博賺大錢會成為賭博成癮的契機

柏青哥或是賽馬等賭博類型的遊戲，可能會引起無法戒斷的成癮症狀。特別是有新手運（初次嘗試就賺進大筆金錢）經驗的人，更容易有成癮的狀況出現。

容易賭博成癮的人格類型

任何人都可能有賭博成癮的機會，但如果特質上有「不擅長擬定計畫」、「偏好一次決勝負」、「對未來沒有希望及目標」、「不善社交」、「想要逃避現實」等情形，更容易造成賭博成癮。

賭博成癮最大的問題是借錢

借錢是賭博成癮中最大的問題。明明沒有錢卻想要賭博，甚至向家裡的人騙取金錢或是借錢等，即便借的錢用完了還是繼續賭博。

> **柏青哥或是賽馬等賭博遊戲，
> 也會造成無法戒斷的成癮現象**

了解更多 透過支持團體的互動是擺脫成癮的第一步。

食物中毒是什麼呢？

（ 關於食物中毒 ）

因食物中的細菌或病毒引起肚子痛或腹瀉等症狀。

這樣就懂了！ **3** 個大重點

食物中毒的分類法很多

食物中毒可分成「微生物」、「寄生蟲」、「天然毒素」、「化學物質」四大類。另外，又再細分為細菌性、病毒性等的食物中毒，或是或是依病因物質、污染源、主要成因食物等成因加以區別。

關於各種食物中毒的症狀

生肉及內臟裡有沙門氏菌。如果進入人體，會引起發燒、頭痛、嘔吐等症狀。像是鯖魚、竹莢魚、烏賊的體內，有被稱為海獸胃線蟲的寄生蟲，進入人體後 8 小時內會引起劇烈腹痛。

食物中毒預防對策

為了預防食中毒，需謹守著「① 不讓病菌沾附 ② 不讓病菌增生 ③ 徹底消除」這三大觀念。食物要立刻放進冷藏、砧板及菜刀都要清洗乾淨、飯前要洗手等，不管哪一件事都非常重要。

食物中毒可分成
4大類

微生物　　寄生蟲

食物中毒

天然毒素　　化學物質

了解更多 也有因為使用銅製容器引起的食物中毒。

大腦、小腦和腦幹哪裡不一樣呢？

關於腦的3個部位

腦幹負責維持生命、小腦負責運動、大腦負責思考及解決問題。

這樣就懂了！3 個大重點

大腦協助我們做出人類特有的行為

人類的大腦相當發達，約佔腦部重量的 8 成左右。大腦可以協助我們進行較複雜的人類思考，決定食慾、睡眠、好惡，並負責與本能相關的工作。

有小腦的幫忙，我們才能騎腳踏車

小腦負責控制走路、跑步等動作。在接收來自大腦下達的運動指令後，小腦會藉由保持平衡，並調整動作的時機，以確保我們能正確地活動。透過反覆練習學會騎腳踏車、熟練地演奏鋼琴等樂器，都是靠小腦記住及調整動作才能完成的行為。

人類的生命中樞──腦幹

腦幹負責支配呼吸及控制心臟的運作，是維持生命非常重要的部位。這也是胎兒腦部發育時第一個發展的部分。腦幹中有大量的神經通過，連接至身體各處。

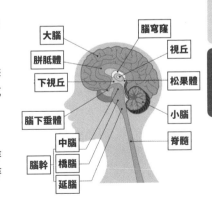

大腦
胼胝體
下視丘
腦下垂體
中腦
腦幹 橋腦
延腦
腦穹窿
視丘
松果體
小腦
脊髓

了解更多 當地球剛有生命的時候，最原始的生物是沒有腦及神經的。

延腦和脊髓有什麼不一樣呢？

（ 關於延腦與脊髓 ）

兩者都是傳達大腦命令的路徑，到延腦為止是腦部，再向下連接著脊髓。

這樣就懂了！ **3** 個大重點

到延腦為止都還是腦部，從脊髓開始已在頭蓋骨之外

延腦位在腦的最下方，並與頭蓋骨以外的脊髓相連。在延腦及脊髓的交界處，有被稱為椎體交叉的交會處，是協助大腦將命令送至全身的神經束，與身體傳遞訊號給大腦的神經束交會的位置。

左右腦的神經在延腦交叉

由左腦及右腦延伸的運動神經束，也會在椎體交叉處左右交叉。因此，左右腦分別控制著對側的身體運動。舉例來說，當左腦受傷時，身體的右側會無法動彈；反之，當右腦受傷時，身體的左側動作則會受到影響。

成人的脊髓長度約40～50公分

脊髓是圓柱狀的神經束，由脊椎的內部延伸與身體各個部位相連。在脊髓前側有被稱為腹根的運動神經，負責將大腦的運動訊息傳遞至肌肉。而脊髓後側背根中的神經，則負責將皮膚等末梢神經所感覺到的訊息傳遞給大腦。

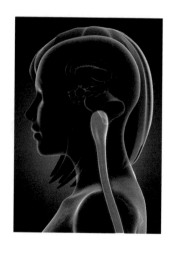

了解更多 延腦可控制呼吸及心跳等，多種人體賴以為生的重要機能。

視丘及下視丘是什麼呢？

(關於視丘及下視丘)

能夠傳送由眼睛等部位感受到的感覺訊息，並控制負責調整呼吸的自律神經。

這樣就懂了！ 3 個大重點

視丘是收集全身感覺訊息的轉運站

我們的眼睛與耳朵所收集到的感覺訊息，會先集中在視丘，再向大腦各個感覺區發送訊號。視丘位於大腦及腦幹中間的間腦，負責統整嗅覺以外的感覺訊息。間腦內，視丘佔了 80%。

下視丘協助身體維持在穩定的狀態

我們緊張時會吸入大量的空氣，天氣熱的時候會流汗避免體溫過高。人體一直在保持體內平衡以維持良好的狀態（又稱為恆定）。而負責調節這些作用的自律神經系統，便是由下視丘來控制。

可偵測壓力保護我們的身體

當人體感受到疾病、受傷、冷熱等壓力時，會將這些訊息傳遞至下視丘。這時，下視丘便會轉換為戰鬥模式，加快心跳及呼吸的頻率。但是如果壓力持續不減，則會導致注意力下降，引發憂鬱症（第 198 頁）。

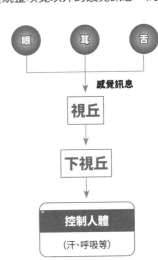

眼　耳　舌

感覺訊息

視丘

下視丘

控制人體

（汗、呼吸等）

了解更多 所謂「日出而作，日落而息」，一天24小時循環的生理時鐘也是由間腦支配。

腦器官

五感

機能

身體動態

疾病

身體網絡

胼胝體在體內負責什麼工作呢？

（ 關於胼胝體 ）

胼胝體連接右腦與左腦，負責將兩側的訊息整合。

這樣就懂了！ 3 個大重點

右腦與左腦間的橋梁

從上往下看，大腦正中央有一條被稱為大腦縱裂的溝槽，將大腦分為左半球和右半球。然而，左右腦並非是完全分開的狀態。在大腦的深處，有被稱為胼胝體的神經纖維束，將左右腦緊密相連。

人類胼胝體內約有兩億條神經纖維

許多哺乳類動物都有胼胝體將左右腦相連。而人類的胼胝體內約有兩億條神經纖維。胼胝體的不同部位中，各有掌管記憶、計算等智能活動、與運動和視覺相關的訊息，以及傳遞其它訊息的神經通過。

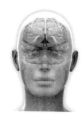

身體的動作必須透過左右腦合力完成

經由胼胝體，左腦與右腦能互相聯繫，合力完成左右側身體的動作、整合左右眼所獲得的訊息。因為左右腦的合作，左右兩側的身體，才能按照我們所想的方式活動。

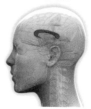

臟器　五感　機能　身體動態　疾病　身體網絡

了解更多 胼胝體一旦受傷，許多複雜的事情都無法執行，將對日常生活造成困擾。

海馬迴在體內負責什麼工作呢？

關於海馬迴

可短暫的儲存新的記憶，並決定哪些為重要的記憶。

這樣就懂了！ 3 個大重點

負責保存幾秒到幾分鐘的短期記憶

路人的臉孔、初次聽到的電話號碼，這些事情想必一下子就忘記了吧。像這樣只有幾分鐘甚至幾秒，非常短暫的記憶，稱為「短期記憶」。視覺、聽覺、嗅覺等形式的訊息，會被彙整在海馬迴，以短期記憶的狀態被保存。

也可喚起塵封的記憶

海馬迴也能將腦中沉睡的記憶喚醒。比如將人臉或衣服等特徵，以容易記得的方式整理歸類。當發現與這些特徵相關的線索時，便會聯想起這些訊息，使得記憶回復。

常常回想便容易形成長期記憶

經常回憶某件事情時，負責傳達這個記憶資訊的突觸就會很活躍，而這個記憶也能被保存的更久。因此，在學習一個新語言時，若能多看、多說、多寫，就能更容易記住喔！

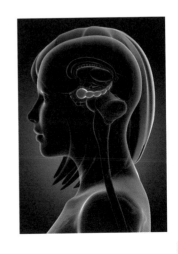

了解更多 海馬迴名稱的由來，是因為它的形狀像是海神波賽頓乘坐的虛構動物的尾巴。

大腦新皮質指的是什麼呢？

(關於大腦新皮質)

負責思考、說話，展現生而為人類特別之處的部位。

這樣就懂了！ 3 個大重點

位於大腦最外側皺皺的部分

大腦新皮質覆蓋於腦的外側，看起來皺皺的。這裡聚集了許多的神經細胞（神經元，neuron，第 188 頁），可以進行思考、說話、計算等人類特有的行為。

許多神經細胞聚集形成灰質

大腦新皮質中，由密集的神經細胞聚集形成灰質。灰質由許多直徑 0.5~1 公釐的神經束 (column) 組成，而一個神經束大約由 2500 個神經細胞構成。整個大腦新皮質中共有數百萬個神經束。

將皺褶攤平，大約是一張報紙的大小

人類的大腦新皮質很大，約莫是黑猩猩的三倍。將大腦新皮質的皺褶（腦迴）展開，大約是一張報紙的大小。為了在頭蓋骨中有限的空間塞下大腦，才會有這些皺褶的形成。

大腦新皮質

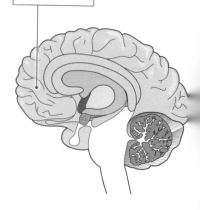

了解更多　有一說是因為人類獨有的基因，使得大腦發展成充滿皺褶的樣子。

腦室是什麼呢？

（ 關於腦室 ）

腦內部的空腔，內有腦脊髓液可在受到外部衝擊時保護腦袋。

這樣就懂了！3 個大重點

充滿液體的腦內空腔，可以保護腦部

腦和脊髓中都有充滿腦脊髓液的空隙。腦內的空腔稱為腦室，而脊髓間的空腔稱為中央管。腦室分為左右側腦室、第三腦室和第四腦室，四個腦室相通在一起。

脈絡叢會分泌腦脊髓液

腦室內有叫做「脈絡叢」的結構，負責產生腦脊髓液。在腦室內產生的腦脊髓液會流出腦外，流往腦與蜘蛛網膜的間隙（蜘蛛膜下腔），以及脊髓的中央管。最後由血管吸收回流至靜脈。

腦脊髓液在腦內堆積便會形成水腦症

當腦脊髓液的通路受阻，無法被血管吸收的腦脊髓液便會在腦內堆積，漸漸造成腦室擴大，便稱為水腦症。如果脊髓液增加太多，就可能壓迫腦部使之無法正常運作。有些水腦症是天生的，也有些是因為意外事故造成。

腦室

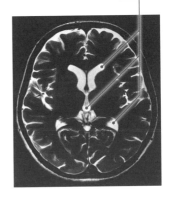

了解更多 腦非常柔軟，需要頭骨和三層腦膜（硬腦膜、蜘蛛網膜、軟腦膜）共同保護。

為什麼會起汗疹呢？

（關於汗疹）

汗腺的出口被堵住了，導致汗液無法排出產生汗疹。

這樣就懂了！ **3** 個大重點

流汗後，出現紅色突起的疹子就是「汗疹」

你是否曾有流汗後，皮膚表面出現紅色一顆顆小小的疹子，還感覺癢癢的經驗呢？這就是「汗疹」。當突然大量出汗、綁繃帶或貼貼布等情形下，肌膚透氣不佳，便容易出現汗疹。

排汗的出口被堵住了

汗液由皮膚中的汗腺製造，並通過細小的管線（汗管）從肌膚表面排出。如汗管被污垢或髒污堵住，汗液便無法排出並累積在皮膚中，導致汗疹生成。

流汗的話就換件衣服吧

頭部、額頭、脖子周圍、手肘、膝蓋內側、腹股溝及大腿，較常出汗的位置就容易出現汗疹。流汗時就先擦乾，皮膚乾爽後，汗疹就比較不會長出來。流汗後，盡快把衣物換掉也是相當重要的觀念喔。

汗管堵塞會導致汗液無法排出，生成汗疹

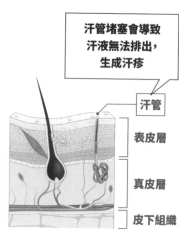

汗管

表皮層

真皮層

皮下組織

了解更多 汗疹不一定是紅色一顆一顆的，也有可能是透明的小水泡。

為什麼會起 蕁麻疹呢？

（ 關於蕁麻疹 ）

當組織胺在皮膚血管內擴散，刺激了發癢的神經，蕁麻疹就出現了。

這樣就懂了！ 3 個大重點

皮膚變紅，但過一陣子就會消失

你是否曾有某部分的肌膚突然泛紅發癢，但過一陣子又恢復原狀的經驗呢？這就是「蕁麻疹」。蕁麻疹不只會發癢，有時還會有陣陣灼熱的感覺。

組織胺引起泛紅及發癢

蕁麻疹的成因，是因在肌膚內側的細胞，因某些原因釋放出「組織胺」。組織胺透過血管擴散，並從血管滲透至外部，讓皮膚顯得泛紅。組織胺還會刺激發癢的神經，使人感到發癢不適。

組織胺會從血管內部向外滲透，皮膚才會泛紅

飲食、運動都有可能引起蕁麻疹

飲食、藥物、運動、炎熱或寒冷等原因都可能造成蕁麻疹的出現。也有些人在吃特定的食物後接著運動，蕁麻疹就出現了。但是，大部分的蕁麻疹找不出明確的原因。

了解更多 蕁麻疹的命名由來，是因觸碰到蕁麻的葉子會產生紅腫，跟蕁麻疹的症狀相似。

狐臭是什麼呢？

（ 關於狐臭 ）

腋下出汗後，汗水被在皮膚上的細菌分解後飄出異味。

這樣就懂了！ **3** 個大重點

腋下容易有強烈異味飄出的體質

腋下飄出強烈異味的狀態稱為「狐臭」或是「腋臭症」。如果腋下飄出氣味，會讓人相當在意對吧。因此，也可能需要到醫院治療。但在有些國家，狐臭被認為是很自然事，並不會特別在意。

腋下有較多的頂漿腺

腋下聚集了大量會製造汗腺的「頂漿腺」。汗腺有「頂漿腺（大汗腺）」及「外泌汗腺（小汗腺）」兩種。平時小汗腺流出的汗腺是水水的，大汗腺流出的汗腺則會黏黏的。

汗被分解發出異味

大汗腺分泌的汗腺，因富含有脂質及蛋白質，所以會感覺黏黏的。汗腺被附著在皮膚上的細菌分解後，異味就飄出來了。

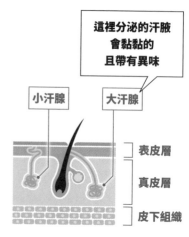

這裡分泌的汗腺
會黏黏的
且帶有異味

小汗腺　　大汗腺

表皮層

真皮層

皮下組織

了解更多 耳垢濕潤的人容易有狐臭，而乾燥的人則較不會有狐臭。

為什麼會 長青春痘呢？

(關於青春痘)

當毛孔被大量的皮脂阻塞，細菌增加並促使青春痘生成。

這樣就懂了！3 個大重點

毛孔堵塞，導致發炎

我們的臉、頭及背部長出的紅疹被稱為青春痘。正式的名稱是「尋常性痤瘡」。
這是指毛孔被皮膚內的油脂（皮脂）堵住，導致發炎（產生紅腫並發熱）的狀況。

皮脂增加，毛孔的細菌也會增加

皮脂腺附著於毛孔，並分泌皮脂由毛孔排出。
但是，當分泌的皮脂過多阻塞毛孔後，就會導
致生成粉刺的細菌增加，引起發炎，紅紅的粉
刺就長出來了。

不只是青春痘

皮脂阻塞毛孔時稱為「白頭粉刺」，毛孔看起
來黑黑的是「黑頭粉刺」，引起發炎症狀時叫
做「青春痘」，如果開始有膿液生成則稱作為
「膿皰」。

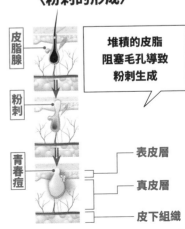

〈粉刺的形成〉

皮脂腺

粉刺

青春痘

堆積的皮脂阻塞毛孔導致粉刺生成

表皮層

真皮層

皮下組織

了解更多 粉刺被擠壓後，皮膚受到傷害，導致細菌增生且容易留下疤痕。

為什麼會長斑呢？

(關於黑斑)

當皮膚細胞代謝過慢導致黑色素沈澱，斑就出現了。

〈臟器〉〈五感〉〈機能〉〈身體動態〉〈疾病〉〈身體網絡〉

這樣就懂了！3 個大重點

斑的真面目是過量產出的黑色素

在臉部及手腕等部位的皮膚上，出現咖啡色的點點就是斑。當皮膚深處生成大量黑色素時，便會殘留在肌膚，導致黑斑的出現。

細胞代謝過慢導致黑色素殘留

皮膚的細胞會由表皮層深處製造，再慢慢的向上堆疊，當抵達最上層後便會剝落。這時候黑色素也會跟著一起被帶走。隨著年齡增長，細胞代謝減慢，導致黑色素殘留，斑就形成了。

正式的名稱為「脂漏性角化症」

黑色素的功能，主要是用來保護皮膚避免受到太陽中大量紫外線的傷害。因此，長時間受到紫外線的照射，便容易導致斑的出現。受紫外線照射長出的斑稱為「脂漏性角化症」，又稱為「曬斑」、「老人斑」（台灣雖把老人斑和曬斑分開，但有老人斑其實就是曬斑累積的說法，所以脂漏性角化症可說是兩者的正式名稱）。

〈斑的形成〉

黑色素沒有和皮屑一起脫落，殘留於皮膚表皮上

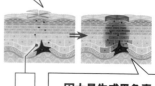

黑色素

因大量生成黑色素，導致黑色素殘留留下斑點

了解更多 還有一種斑叫「肝斑」，是因女性荷爾蒙引起的色素斑。

為什麼隨年紀增長會產生皺紋呢？

(關於皺紋)

皺紋是皮膚中膠原纖維及彈性纖維減少，導致肌膚鬆弛，無法恢復原本狀態。

這樣就懂了！ 3 個大重點

皮膚無法恢復原來的狀態

笑的時候，眼尾及嘴邊會出現皺紋。不笑的時候，皺紋就消失了。但是隨年齡增長，皮膚在拉扯後很難恢復原來的狀態，出現的皺紋就很難消失了。

皮膚由兩種纖維支撐

幫助皮膚保有彈性可恢復原狀的纖維有兩種，分別是「膠原纖維」及「彈性纖維」。膠原纖維可使我們的肌膚保持澎潤，彈性纖維則協助肌膚保有彈性。兩種纖維形成網狀的結構，維持肌膚狀態的穩定。

網狀結構崩壞，導致下垂

隨年齡增長，「膠原纖維」及「彈性纖維」減少，原本支撐肌膚的網狀結構崩壞，造成肌膚更容易鬆弛。失去彈性及伸縮能力的肌膚越難恢復原本的樣子，皺紋就長出來了。

隨年齡增長皺紋生成，肌膚失去恢復原狀的能力

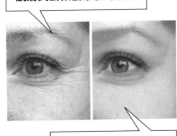

年輕人在笑過之後皺紋會消失

了解更多 隨年齡增長，肌膚容易有乾澀等問題，也因此更容易產生皺紋。

臟器

五感

機能

身體動態

疾病

身體網絡

為什麼會有足癬呢？

（ 關於香港腳 ）

在腳部附著並增生，
被稱為白癬菌的黴菌。

這樣就懂了！ 3 個大重點

造成足癬的「白癬菌」最喜歡皮膚的角質了

足癬（俗稱香港腳）指的是被稱作「白癬菌」的黴菌在腳部肌膚增生的狀態。白癬菌最喜歡人類肌膚的角質。足癬會導致腳趾與腳趾間的皮膚脫落、產生水泡，皮膚也會變得白白脹脹的。

並非只有腳會生成足癬

足癬是因為白癬菌附著於腳部，所以正式的名稱為「足蹠白癬」。白癬菌最容易在腳趾間增生，但也可能附著在皮膚、指甲、頭髮等部位。長在指甲的叫做「甲癬（又稱灰指甲）」，長在屁股周邊的則被稱為「股癬」。

洗手時，指間也要一起洗

為了避免白癬菌附著，洗澡時要把腳底及指間清潔乾淨。黴菌特別喜歡潮濕的地方，洗淨後要好好擦拭，確實保持乾燥。

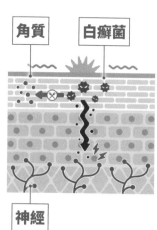

角質　　白癬菌

神經

了解更多 指甲和頭髮是由和肌膚角質相同的蛋白質組成，都會成為白癬菌的養分。

胰臟
是什麼呢？

(關於胰臟)

胰臟負責分泌幫助消化的胰液，
並製造調整血糖的胰島素。

這樣就懂了！ **3** 個大重點

藏在內臟深處，功能強大的臟器

胰臟在胃的後方，長約 15 公分，形狀像個蝌蚪，並嵌在十二指腸凹陷處。胰臟製造的消化液會送到十二指腸，負責消化蛋白質、脂質及醣類。

胰臟負責製造重要的消化液及荷爾蒙

胰臟負責產生可以消化食物的消化液，以及可控制血糖的荷爾蒙。外分泌的消化液由腺泡細胞製造，內分泌的荷爾蒙則由胰島製造。

胰臟曾是相當神秘的臟器

從前，胰臟不像心臟及肺等臟器一樣讓人熟知。因為胰臟不會有空氣及食物通過，所以只要人死亡後，沒有殘留的空氣或食物，形狀就會立刻崩壞，為此，有好長一段時間大家對胰臟的了解並不多。

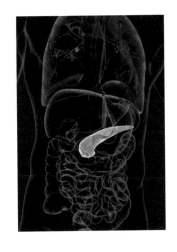

了解更多 胰臟和肝臟一樣，即便生病也不容易出現症狀。

臟器
五臟
機能
身體動態
疾病
身體網絡

胰液
是什麼呢？

（ 關於胰液 ）

胰液由胰臟製造，作用於十二指腸，是強而有力的消化液。

這樣就懂了！**3**個大重點

1天分泌1.5公升！是幫助消化的得力助手

胰臟每天分泌約 1.5 公升富含豐富酵素的胰液。胰液可以消化蛋白質、脂質及醣類，並可與食物混合，中和胃液的強酸。

胰液在與腸液混合後，啟動消化機制

健康的時候，胰臟有避免被自己分泌的胰液傷害的機制，藉此保護細胞。胰液由胰臟分泌，與小腸黏膜分泌的腸液混合後，才啟動消化的機制。

胰液有時候也會傷害到胰臟

當胰臟的出口被某些原因阻塞住了，胰液便會開始消化胰臟本身，產生急性胰臟炎。受傷或疾病也可能導致胰液的消化酵素溢出胰臟之外，漸漸消化分解周圍的細胞。

〈急性胰臟炎〉

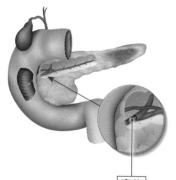

塞住

臟器　五感　機能　身體勤態　疾病　身體網絡

了解更多 胰液由胰臟分泌，在抵達小腸還前無法發揮消化的作用。

第 **297** 天

臟器　「各類臟器」之週
一 二 三 四 五 六 日

讀過了！

月　日

臟 器
五 感
機 能
身體飢餓
疾 病
身體網絡

胰島 是什麼呢？

(關於胰島)

胰島位在胰臟的腺泡間，是由分泌荷爾蒙的細胞形成的細胞團。

這樣就懂了！ 3 個大重點

胰島是可分泌荷爾蒙的特別細胞聚集而成

胰島在胰臟中負責製造胰島素等荷爾蒙。從顯微鏡下觀察，可以發現胰島是被腺泡包圍的細胞團塊，就在像漂浮在海上的小島一樣。整個胰臟中，有 100 萬個以上的胰島。

胰島由保羅·蘭格爾翰斯發現

胰島是由德國病理學 / 生物學家——保羅·蘭格爾翰斯（Paul Langerhans）所發現的，所以又被稱為蘭氏小島。

胰島分泌的荷爾蒙也會影響消化作用

胰島分泌的荷爾蒙會由微血管送至全身。胰島素及升糖素等荷爾蒙雖無法直接消化食物，但可以對與食慾息息相關的血糖及消化道下達指令。人體中只有胰島素可讓血糖下降。

胰島負責製造胰島素，與血糖的控制習習相關

了解更多　皮膚中也有「蘭氏細胞」，它和胰島中的蘭式細胞功能不同，但因為由同一個人發現，所以命名相同。

腎臟是什麼呢？

（ 關於腎臟 ）

> 腎臟負責製造尿液及維持人體機能的平衡。

這樣就懂了！**3**個大重點

腎臟最為人熟知的功能是製造尿液

腎臟的形狀像蠶豆，位於腰部脊椎兩側。人體左邊及右邊各有一個。每個重量約130克，大小約比拳頭再大一點點。負責將人體中不需要的廢物溶解至水中，製成尿液。

調整體內水分與各成分的平衡

人體中，只有腎臟能調節水分與鈉及酸鹼值的平衡。腎臟透過約 0.2 公釐被稱為腎小體的組織，從血液中過濾出不需要的水分、廢物以及過多的鹽分等。

尿液只佔了腎臟一天過濾血液量的1%

成人一天約有 1500 公升污濁的血液會送至腎臟。經過約 200 萬個腎小體後，製造出約 150公升的原尿。原尿中因為還有有用的成份，再次吸收後，產出約 1.5 公升的尿液。

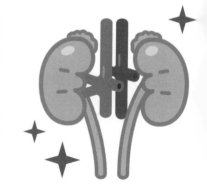

了解更多 即便因生病或意外導致一邊的腎臟失去功能，還是可以正常生活。

腎元是什麼呢？

(關於腎元)

腎臟中約有200萬個腎元，負責清潔血液。

這樣就懂了！ 3 個大重點

腎元是小型的過濾裝置

腎元由一個腎小體及一根腎小管組成，是腎臟基本的功能單位，負責再吸收身體需要的水分及鹽分。腎元是腎小管製造的原尿通過集尿管前會經過的部分。

200萬個腎元輪班工作

左右兩側的腎臟合起來約有 200 萬個腎元，但實際在工作的卻不到 10%。腎元們會輪流工作，確保在有餘裕的狀態下發揮功用。即使因腎臟發炎導致一部分的腎元無法發揮作用，也不至於危及性命。

尿液大部分都是水分

尿液中有 95% 是水分，剩下則是尿素、尿酸以及氨等物質。在大量流汗或是激烈跑步後，尿液的顏色會比平常的深。隨身體狀態的變化，尿液的顏色及味道都會改變喔。

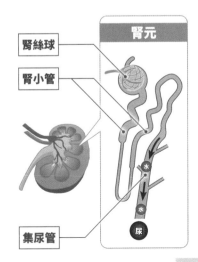

腎元

腎絲球
腎小管
水
水
尿
集尿管

了解更多 在外太空水是相當珍貴的，尿液也可以經由回收過濾變成可飲用的水喔。

泌尿道結石是什麼呢？

(關於尿結石)

泌尿道結石是在尿液經過的路徑中出現結晶體的疾病。

這樣就懂了！ 3 個大重點

從腎臟到尿道為止，都屬於泌尿道的範圍

尿指的就是尿液。由腎臟製造的尿液會經由輸尿管運送至膀胱，並經由尿道排出體外。這些尿液經過的路徑就稱為「泌尿道」，如果在泌尿道上出現結晶體的話就是泌尿道結石了。

尿液凝固形成結石？

泌尿道結石是尿液中容易結晶的成分聚集，形成結石。目前成因不明，資訊相當有限。只知道比起鈣質，草酸更容易形成結石。

會出現就連大人都會痛不欲生的疼痛感

當又細又軟的管道被石頭堵住了，就會非常疼痛！即便是成人也會難以忍受。結石易卡在尿道的彎折處或是較細的位置。依結石卡住的位置又可分為腎結石、輸尿管結石等。

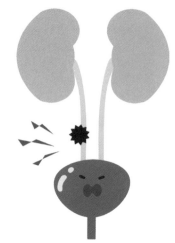

了解更多 尿結石患者有時候會把從尿液中排出的結石留下，作為紀念。

脾臟具備何種功能呢？

(關於脾臟)

脾臟協助清理老舊紅血球，並負責與細菌戰鬥。

這樣就懂了！ **3** 個大重點

脾臟位於身體深處，負責清理老舊紅血球

脾臟位於胃內側，左腎的上方，是拳頭大小且柔軟的臟器。脾臟由負責保護身體避免細菌傷害的「白髓（白脾髓）」及網狀的「紅髓（紅脾髓）」組成。老化的紅血球會被網住，且被巨噬細胞吞噬。

脾臟會對抗混在血液中的敵人

紅脾髓中有巨噬細胞等免疫細胞，會對抗血液中的敵人及清理老舊細胞。當白脾髓收到淋巴傳來外敵入侵的訊息，淋巴球就會開始活動。

年齡不同，脾臟的功能也不同

平常脾臟會協助回收受損紅血球中的鐵質，將其送往肝臟。胎兒（還在媽媽肚子裡的小寶寶）時期，血液由脾臟製造。出生後，血液雖改由骨髓製造，但是當生病或是受傷導致骨髓造血量不足時，脾臟也會協助造血。

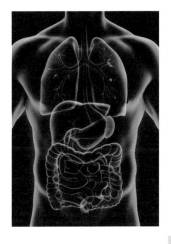

了解更多 即使沒有脾臟，人體還是有其他免疫機制可以維持生命。

催產素是什麼樣的荷爾蒙？

（關於催產素）

催產素在生產及哺餵母乳時扮演著重要的角色，也可使人際關係更順利。

這樣就懂了！ **3** 個大重點

催產素是媽媽和寶寶間不可或缺的荷爾蒙

催產素是由腦下垂體後葉所分泌的賀爾蒙。在生產時會促進子宮收縮，讓媽媽能順利將孩子生出來。催產素也會使乳腺裡的肌肉收縮，幫助母乳排出。

催產素使我們能更了解對方的情緒

不只是人類，哺乳類動物也都有催產素。最近的研究指出，催產素可以強化我們解讀對方表情的能力。據說，媽媽體內分泌較多的催產素，也有助於了解寶寶的表情和情緒。

對於與建立人際關係很有幫助

催產素可以促進人與人的關係，不只是親子，在朋友和同事相處間也是很重要的荷爾蒙。此外，催產素也有提高記憶力和讀書效果的功效。

了解更多 由於催產素可以潤滑人際關係，所以又被稱為愛情荷爾蒙。

第 **303** 天

機能　「賀爾蒙」之週②
一 二 三 四 五 六 日

讀過了！
月　日

臟器
五感
機能
身體動態
疾病
身體網絡

胰島素是什麼樣的荷爾蒙？

（ 關於胰島素 ）

胰島素由胰臟分泌，
可以使血液中的糖分下降。

這樣就懂了！ **3** 個大重點

胰島素可協助降低在飯後上升的血糖值

血糖值指的是血液中糖分的濃度。我們在進食後，養分會跑到血液中，使得血糖值（第381頁）突然上升。為了使血糖值回到平常的狀態，胰島素就會開始分泌。

讓血糖值維持在穩定的狀態

胰島素會將人體活動必須的糖分轉化為肝糖，並儲存在肝臟。當血糖值降低時，肝糖便會分解，使血糖值上升。胰島素幫助我們將血糖值保持在剛剛好的狀態上。

胰島素太少會導致糖尿病

當胰島素無法好好分泌，就會引起糖尿病。糖尿病的症狀包括容易疲勞、易渴、尿多且頻尿等情形。

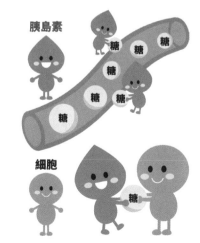

胰島素

糖　糖
糖
糖
糖　糖
糖

細胞

糖

了解更多 為了不要患上糖尿病，注意不要吃太多、喝太多及避免運動不足。

褪黑激素是什麼樣的荷爾蒙？

關於褪黑激素

黑暗環境中，腦中的松果體會分泌使人想睡覺的褪黑激素。

~~~~~~~~~~~~~~~~

這樣就懂了！ 3 個大重點

又被稱為睡眠激素，是會影響睡眠的荷爾蒙

當進入眼中的光線減少、環境變得黑暗，腦部的松果體便會開始分泌褪黑激素。因此，褪黑激素也被叫做睡眠激素。當冬天來臨，夜晚的時間比夏天更長，褪黑激素的分泌量也增多。

與生理時鐘協力合作

位在下視丘的視交叉上核，以一天 24 小時為規律掌管人體的生理時鐘（第 377 頁）。我們的眼睛感受光線，並透過視交叉上核將訊息傳遞至負責分泌褪黑激素的松果體。而除了調控生理時鐘，褪黑激素對於骨頭的生成、人體的修復再生，也扮演了很重要的角色。

藍光會使人難以入眠

褪黑激素在夜晚時分泌，如果這時使用電視、手機等會發出藍光的產品，或是在睡前飲酒、吸菸，常常會干擾睡眠造成不易入睡的情形。

了解更多 褪黑激素的功能也被利用來當作助眠的藥物。

腎上腺素是什麼樣的荷爾蒙？

（ 關於腎上腺素 ）

腎上腺素是一種可以增加心跳、使血糖值上升、讓支氣管擴張的荷爾蒙。

這樣就懂了！ **3** 個大重點

腎上腺素會讓人感到心跳加速

腎上腺素由腎上腺髓質分泌，會使心跳、血糖值上升。當想到可怕的事情，我們的心臟會突然加速，這就是受到腎上腺素的影響。

提升運動表現和專注力

適度分泌腎上腺素，可以提升運動表現及專注力。由於會增加能量的消耗，也可達到燃燒脂肪及增加新陳代謝的效果。

不多不少，適量最好

當腎上腺素分泌過多時，血液循環和新陳代謝會惡化，臟器功能也會減弱。也可能對心理造成影響，使人心情煩躁又易怒。相反的，如果腎上腺素分泌太少時，人會變得沒有活力，也可能無法面對壓力。因此，腎上腺素最好是不多不少，維持在剛剛好的狀態。

了解更多 人體感覺到壓力後會引起交感神經的作用，荷爾蒙也開始發揮功效。

正腎上腺素是什麼樣的荷爾蒙？

（ 關於正腎上腺素 ）

正腎上腺素會使血壓上升、心跳變快，是在感到壓力時會釋放的荷爾蒙。

這樣就懂了！ 3 個大重點

啟動人體戰鬥模式的荷爾蒙

當我們因為壓力而不安、感覺到恐怖和緊張的情緒時，正腎上腺素的分泌就會增加。而當正腎上腺素分泌，人體便啟動了戰鬥模式，使得頭腦變清晰、心跳及血壓上升。

適量分泌可使專注力上升

維持剛剛好的正腎上腺素分泌是很重要的事情。這樣可以提升專注力，並有能力面對壓力。但是，如果壓力狀態持續下去，正腎上腺素的量就會越來越少，造成注意力分散、沒有動力等狀況。

頭腦可以感受到壓力

大腦的前額葉是人體感覺壓力的部位。當壓力累積，則會有皮膚變差、頭痛、失眠、腸胃不適、疲勞等症狀。

正腎上腺素

了解更多 持續一直處於壓力過大的狀態下，可能會引發疾病。

臟器

五感

機能

身體動態

疾病

身體網絡

睪固酮是什麼樣的荷爾蒙？

(關於睪固酮)

睪固酮是男性賀爾蒙的一種，能協助肌肉骨骼與精子的生成，並使體毛增多。

這樣就懂了！ 3 個大重點

協助形成肌肉、骨骼及精子的重要荷爾蒙

睪固酮是最主要的男性荷爾蒙。雖然在男性身體中較多，但女性的體內也會生成。睪固酮有各式各樣的功能，可以協助肌肉、骨骼與精子的生成，並且使體毛增多。

可以減低罹患某些疾病的風險

男性賀爾蒙有好幾個種類，其中 95% 就是睪固酮。睪固酮可以提高性慾和生殖能力、強壯骨質、增加肌肉量、增加體毛並使頭髮減少。另外，也可降低肥胖、第二型糖尿病、心臟血管疾病的風險。

睪固酮減少時，會使情緒低落

據說睪固酮也能影響我們的活力和競爭心。當因為壓力而感到憂鬱、不安時，常伴隨睪固酮濃度減少的情形。

了解更多　男性賀爾蒙可在腎上腺和睪丸中製造，但主要來自睪丸。

臟器
五感
機能
身體動態
疾病
身體結構

雌激素是什麼樣的荷爾蒙？

（ 關於雌激素 ）

雌激素是和女性月經週期息息相關的荷爾蒙。

這樣就懂了！**3**個大重點

影響外表女性化和月經的荷爾蒙

雌激素是由卵巢分泌的女性賀爾蒙。和女性的月經週期（第 363 頁）有很大的關係。此外，雌激素也會使青春期的女性的乳房變大、體態變豐盈。

發育成熟的女性每個月會有「月經」

女性的子宮內的「子宮內膜」在懷孕時會像是寶寶的床鋪。這張床在每個月會為了懷孕做準備而增厚，如果沒有懷孕便會排出體外，這就是女性始於青春期的「月經週期」，又稱為生理期。

促進卵泡發育並使子宮內膜增厚

卵巢中有之後可以形成小寶寶的「卵子」。當每個月的生理期結束，雌激素的分泌逐漸增加，包覆卵子的卵泡便開始發育。同時，子宮內膜也在雌激素的作用下變厚。

了解更多 雌激素也會影響骨骼和血管的健康，是女性不可或缺的荷爾蒙。

認知症是什麼樣的疾病呢？

關於失智症

由各種原因導致腦部細胞死，以致無法維持日常生活行動。

這樣就懂了！ **3** 個大重點

阿茲海默症類型認知症的患者，會突然忘記剛剛做的事情

認知症中最常見的是阿茲海默症，這是一種因海馬迴（第 307 頁）萎縮，導致記憶力衰退的疾病。患者會忘記剛才吃了什麼、出門時也可能不記得要去的目的地及集合時間而迷路。

65歲以上，六人中就有一人患有認知症

隨著人類的壽命越來越長，患有認知症的人也逐漸增加。據說，在日本 65 歲以上的人當中，六人就有一人患有認知症。認知症也有因遺傳在年輕時發病的例子。是任何人都有可能得到的疾病。

沒有可以治癒認知症的藥物？！

認知症並無可根治的治療方法。但有可以減緩病程進行及減輕症狀的藥物。另外，飲食以蔬菜及魚類為主，養成運動的習慣等，都可以預防認知症的發生。未來也可能會有根治認知症的藥物出現喔。

了解更多 認知症除了阿茲海默症外，還有血管性失智症、路易體失智症等。

331

腦震盪
是什麼呢？

（ 關於腦震盪 ）

腦部受到衝擊導致出現失去意識、
頭腦無法運作的症狀。

這樣就懂了！ **3** 個大重點

腦部受到衝擊，外表看不到傷口，但腦部受到損傷

撞到頭後，如果感覺無法思考、無法回應他人的對話，並且感到搖搖晃晃的，就有可能是腦震盪。腦震盪是在強烈的衝擊後，腦部受到劇烈搖晃引起暫時性的意識障礙。有可能會留下後遺症，要非常小心。

進行劇烈運動時要特別注意！

在運動引起的腦部傷害中，有三分之一都是腦震盪。拳擊、橄欖球、足球等會高速進行身體衝撞的運動，特別容易造成腦震盪。即便沒有外傷，只要覺得有異狀便應該下場休息。

曾腦震盪過就容易再次發生

當有腦震盪過的經驗，再次腦震盪的機率會提高到 3～4 倍。即便受到比起第一次還弱的衝擊，也可能造成腦震盪。如果反覆的發生，有可能會造成像認知症等後遺症。

了解更多 因為拳擊導致腦震盪的後遺症相當常見，所以腦震盪又稱為「拳擊手腦病症候群」。

腦死是什麼呢？

(關於腦死)

大腦失去所有的功能，並且無法恢復。

這樣就懂了！3 個大重點

大腦的活動永遠停止就是腦死

腦死指的是腦部所有的部位，如大腦、小腦、腦幹都失去功能的狀態。如果拿掉人工呼吸器便無法呼吸，心臟也會停止。可透過人工的方式維持呼吸，但多在數日後心臟就停止了。

腦死及植物人狀態是完全不一樣的

當呈現植物人狀態，腦幹還維持應有的功能，可以自行呼吸並驅使心臟跳動。與腦死不同，植物人狀態是有可能恢復的。但腦死是無法復原的，許多國家將腦死定義為死亡。

腦死與器官移植

在日本，只有在要進行器官捐贈時才會判定腦死。由醫師判斷瞳孔放大的狀態及腦波等，遵循一定的規則才可判定腦死。比起心臟停止時可捐贈腎臟、眼球跟胰臟，腦死時可以移植的臟器變多了，心臟、肺臟、肝臟、小腸等部位都可以捐贈。

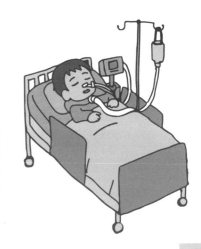

了解更多 在日本因腦死被判定死亡的人，佔所有死亡人數不到1%。

腦　器

五　感

機　能

身體動態

疾　病

身體網絡

寄生蟲會跑進大腦中嗎？

關於腦部的寄生蟲

寄生於豬肉上的豬肉絛蟲、貓咪身上的弓漿蟲，皆會引起腦炎。

這樣就懂了！ **3** 個大重點

豬肉絛蟲寄生在腦部非常危險！

囊蟲症出現在非洲、拉丁美洲及亞洲等發展中國家。引發囊蟲症的包蟲進入人體寄生於肌肉、眼睛、大腦等部位。寄生於腦部，會出現劇烈頭痛並引起失明及痙攣，是可能致命的疾病。在日本有會引起「包蟲絛蟲症」的包蟲，會透過受感染的狐狸或是狗的糞便進入人體腦部，當腦部受到感染時，會引起意識障礙。

透過未確實煮熟的豬肉感染

囊蟲症多出現在衛生條件不好或是豬隻採取放養方式的區域。因食用未確實加熱的豬肉而感染的情形相當常見。

寄生於貓咪身上的弓漿蟲

寄生於貓咪身上的弓漿蟲，可能引起腦部疾病。貓咪的糞便等排泄物污染了水及食物，人類因吃了這些食物而受到感染。

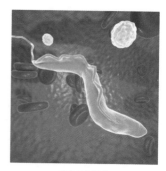

寄生蟲的影像

了解更多 在較貧窮的國家，引起癲癇的主要原因就是腦囊蟲症。

帕金森氏症是什麼樣的疾病呢？

（ 關於帕金森氏症 ）

帕金森氏症是腦內多巴胺減少，導致逐漸無法控制身體活動的疾病。

這樣就懂了！ 3 個大重點

「多巴胺」是活力及快樂的來源

當我們心情愉悅的時候，腦內會分泌一種叫多巴胺的神經傳遞物質。多巴胺不僅可以讓人產生「再努力看看」的心情，更扮演協助身體活動、調節內分泌的重要角色。

多巴胺分泌減少引起帕金森氏症

當多巴胺分泌減少，人不僅會失去活力及好奇心，也可能引起使身體活動無法受控的帕金森氏症。像是手腳顫抖、肌肉僵硬、無法好好站立等，都是帕金森氏症的症狀。

是原因不明的難治之症

帕金森氏症的成因目前還不清楚，在國內被認定是相當難治療的疾病。研究帕金森氏症患者的腦部，可以發現在中腦黑質負責製造多巴胺的細胞減少了。帕金森氏症的患者多發病於 50 ～ 65 歲間，隨年齡增加發病率也越高。

了解更多 1817年，英國的詹姆斯帕金森（James Parkinson）發表了關於帕金森氏症的論文，故以其名字命名。

腦瘤是什麼呢？

(關於腦瘤)

腦細胞、神經、腦膜等地方出現的
異常細胞團塊（腫瘤）就是腦瘤。

這樣就懂了！ **3** 個大重點

長在頭蓋骨內的腫瘤統稱為腦瘤

腦瘤指的是在頭蓋骨內不同的位置長出的異常組織團塊（腫瘤）。由腦細胞、腦膜、腦神經長出的腫瘤叫做「原發性腦瘤」，依腦瘤長的位置及種類不同，共有150 種以上的類型。

腦瘤會造成什麼樣的障礙？

當腫瘤變大，周圍的水分增加壓迫到頭蓋骨內部，造成劇烈頭痛並引起噁心的感覺。另外，如果腫瘤是由腦本身長出來的話，可能造成運動上的障礙、或是無法說話、逐漸無法控制身體活動等情形。

良性及惡性腫瘤的差別

長在髓膜等腦外側部位的腫瘤，多為成長速度較慢的良性腫瘤，只要接受治療基本上不會危及生命。但在腦的內部（腦實質）長出的神經膠質瘤（Glioma）因細胞增加速度快，多是惡性腫瘤。

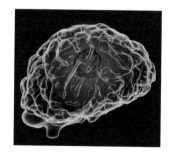

了解更多 雖說是惡性腫瘤，但仍有許多可以在保有腦部機能下延長壽命的治療方法。

腦中風是什麼呢？

(關於腦中風)

腦部血管梗塞導致身體麻痺，甚至失去意識的疾病。

這樣就懂了！ 3 個大重點

當血液無法流通，腦細胞就會死亡

我們的腦需要大量的血液，因此人體所有的血液有 15% 集中在腦部。當腦部的血管梗塞，導致血液無法流過、血管破裂出血，那個部分的腦細胞受損，身體便會感到麻痺。

腦中風也是有跡可循

雖然腦中風常常突然發生，但有時候也有跡可循。當有像是單邊的手腳麻痺、口齒不清、手突然無法用力使得手裡拿的東西掉了下來等狀況時，請立刻叫救護車送醫治療。儘早治療可以避免後遺症的產生。

日本人容易腦中風!?

導致腦中風最常見的原因是高血壓。日本自古以來有不少重鹹的食物，也因此較容易得到高血壓。家人有腦中風病史的人要特別小心。成人後也記得要做健康檢查喔！

了解更多 腦部血管堵塞被稱為腦梗塞、血管破裂則被叫做腦出血。

臟　器

五　感

機　能

身體動態

疾　病

身體網絡

細菌有哪些種類呢？

關於細菌的分類

依照是否需要氧氣，
可分為好氧菌和厭氧菌。

這樣就懂了！ 3 個大重點

細菌是地球誕生後就存在的微小生命體

我們需要透過顯微鏡才能看到細菌的存在，但細菌可是從地球誕生開始就存在的生物呢！細菌並非只是一個細胞，在得到適當的養分後也會成長繁殖。可依據是否需要氧氣，將細菌分為好氧菌和厭氧菌。

依照需要的氧氣量而決定細菌的分類

需要氧氣才能生存的細菌稱作為「好氧菌」，不需要氧氣的則稱為「厭氧菌」。人體的氧氣含量，從口腔到內部會越來越少。因此，好氧菌和厭氧菌也各有適合生存的身體部位。

細菌並不只有缺點，也有優點

細菌並非只會引起疾病。像是製造味噌、納豆所需要的細菌，改善腸道環境的細菌等，都是能當助人類的重要細菌。

細菌

好氧菌	厭氧菌
需要氧氣	不需要氧氣

了解更多 1876年，德國的柯霍醫師(Robert Koch)發現細菌是造成傳染病的原因。

臟器　五感　機能　身體動態　疾病　身體訊息

幽門螺旋桿菌是什麼樣的細菌？

（ 關於幽門螺旋桿菌 ）

幽門螺旋桿菌會引起胃炎，而且是造成胃癌的主因。

這樣就懂了！3 個大重點

住在胃裡引起胃炎，並可能發展成胃潰瘍或癌症

幽門螺旋桿菌是引起胃癌的最大原因。當胃中存在著幽門螺旋桿菌，胃黏膜就會漸漸變薄。嚴重的話會引發胃潰瘍和十二指腸潰瘍，也容易誘發胃癌。

可以在強酸性的胃液內存活

在胃裡面，幽門螺旋桿菌透過「鞭毛」，像尾巴一樣來回擺動進行移動。為了消化食物，胃裡面含有強酸性的胃液，也可以使一般的細菌被溶解。然而，幽門螺旋桿菌可以將胃液中的尿素分解，在自己的周圍形成鹼性的阿摩尼亞（氨）來中和胃酸，因此得以在胃中存活。

鞭毛長得像尾巴，擺動鞭毛便可以移動

隨著年紀增加，感染機率也增高

幽門螺旋桿菌的感染率，會隨著年紀增加而增高。以日本來說，感染者中有六成以上是大於 60 歲的人。一旦發現感染，可以使用抗生素來殺死細菌進行治療。

了解更多 幽門螺旋桿菌在1979年由澳洲的沃倫（Robin Warren）博士和馬歇爾（Barry J. Marshall）博士發現。

臟器　五感　機能　身體動態　疾病　身體網絡

大腸桿菌O157 是什麼樣的細菌呢？

(關於 O157)

> 會引發食物中毒的大腸桿菌，感染力很強並會引起重症。

這樣就懂了！ 3 個大重點

存在於家畜的腸子裡，並從他們的肉或糞便傳染給人類

其實，大部分的大腸桿菌並不會引起疾病，但出血性大腸桿菌這類卻會造成食物中毒。其中，又以 O157 的感染力特別強。一旦感染，會有發燒、嘔吐、劇烈腹痛、出血性腹瀉等症狀，也可能引發嚴重的併發症。

在許多環境中都能存活

一般來說，至少要 100 萬個細菌進體內才會造成疾病。但是，只要 100 個 O157 進入人體，便會產生症狀。此外，它在胃酸、水、土和冰箱中都能生存。潛伏期約 3 ～ 8 天。雖然可能引發重症，但也有感染後沒有症狀的人。

> 常因為食用生肉引起感染，要非常小心！

小心生肉！

食物中毒多由未加熱或是加熱不足的肉類、附著細菌的加工食品等引起。但由於 O157 並不耐熱，食用前好好加熱的話，大致上就沒問題了。

了解更多 在美國，因為常透過食用漢堡傳播、感染O157，所以又被稱為「漢堡病」

球菌及桿菌 有什麼不同呢？

(關於細菌的形狀)

依照形狀，細菌可以分為 圓形的球菌和棒狀的桿菌。

這樣就懂了！ **3** 個大重點

最初發現細菌時，是按照外觀的形狀做為分類依據

第一個發現細菌的人是 17 世紀的雷文霍克（Antoni van Leeuwenhoek）。他用自製的顯微鏡進行觀察，當時繪製的細菌素描甚至流傳至今。在一開始研究細菌學時，是將同樣形狀的細菌視為一類來進行分類。

圓球狀的球菌

球菌依照排列狀況也有不同的分類。以單獨一個菌體分散存在的稱為單球菌。兩兩一對的叫做雙球菌。四個一組排成田字型的是四聯球菌。而八個排成立方體的是八聯球菌。像一串葡萄的樣子則叫做葡萄球菌。

〈球菌〉

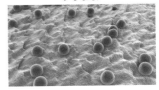

棒狀的桿菌

「桿」這個字就是棒子的意思。桿菌，顧名思義就是形狀像棒子的細菌。大腸桿菌和沙門氏菌等腸內菌、破傷風菌和百日咳菌等，都是屬於桿菌。

〈桿菌〉

了解更多 2000年開始，對細菌分類的研究已從形狀轉到重視遺傳學特性。

肺炎鏈球菌是什麼樣的細菌？

（ 關於肺炎鏈球菌 ）

是會引發肺炎的細菌，
通常透過口水等飛沫傳染。

這樣就懂了！ 3 個大重點

兒童容易感染的細菌，並會引起肺炎

肺炎鏈球菌存在於人體的呼吸道以及鼻腔深處。多因口水等飛沫造成感染。免疫力比較弱的兒童和老人等族群較易被感染，進而罹患肺炎、支氣管炎、敗血症等疾病。

許多兒童都是肺炎鏈球菌的帶原者，不容易免疫

小孩的呼吸道和鼻腔深處常帶有肺炎鏈球菌。當在感冒或是流行性感冒過後，身體比較虛弱時，肺炎鏈球菌便會開始蠢蠢欲動，引發肺炎、中耳炎等情形。

在不同部位引起不同的疾病

由於肺炎鏈球菌的周圍有一層硬殼，使得人體免疫作用（第 44 頁）不好進行攻擊。它在肺部會引起肺炎、在耳朵引起中耳炎、在血液中引起菌血症，並且會在腦膜引起細菌性腦膜炎。

肺炎鏈球菌
常透過口水等飛沫傳播

342

了解更多 肺炎鏈球菌的外殼稱為「莢膜」，具有防禦的功能。

金黃色葡萄球菌
是什麼樣的細菌？

關於金黃色葡萄球菌

像是一串葡萄般的球菌，
可能引起食物中毒。

這樣就懂了！ **3** 個大重點

一般人中就有三成的人帶有此細菌，可能引起噁心嘔吐或腹瀉

即便是健康的人，鼻腔和手指上也會帶有金黃色葡萄球菌，尤其在化膿的傷口上有更多的細菌。一旦金黃色葡萄球菌從嘴巴進入人體，1～5小時左右便會有噁心、嘔吐、腹瀉等症狀出現。如果是健康的人，大約幾小時～兩天症狀就會好轉。

可以耐熱、耐酸、乾燥及鹽分

用顯微鏡觀察，可以看到好幾個直徑 1 μm (1 公釐的千分之一) 的小球，像葡萄一樣聚集在一起。經人工培養增多時，會呈現黃色，故以此為名。

即便加熱也無法完全去除

金黃色葡萄球菌會產生內毒素。如果吃下有大量內毒素的食物，胃酸無法將其分解消化，就會產生食物中毒的症狀。也由於它十分耐熱，即便加熱也無法將內毒素去除。

透過顯微鏡，可以發現
它的外觀像一串葡萄

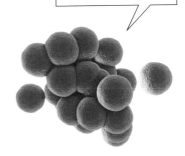

了解更多 炎熱又潮濕的7月是最常發生金黃色葡萄球菌食物中毒的時候。

343

曲狀桿菌是什麼樣的細菌？

（ 關於曲狀桿菌 ）

生雞肉中常有，會引發腹瀉及腹痛，大多可以自然痊癒。

這樣就懂了！ **3** 個大重點

常存在於家禽家畜的體內

曲狀桿菌普遍存在於雞、牛、豬等動物的消化道中。不小心吃下肚後，大約 1～7 天會有腹瀉、發燒、嘔吐、腹痛、肌肉痠痛等情形。健康的人不吃藥就可以自行痊癒。

是造成食物中毒排名第一的細菌

由於冷凍運輸技術的發展，以及食物管理、飲食方式的改變，食物中毒的常見細菌也有所變化。以往是以沙門氏菌引發的腸炎和金黃色葡萄球菌造成的食物中毒為主，現今則是以曲狀桿菌造成的為多數。

市面上的雞肉4～6成有曲狀桿菌

曲狀桿菌在雞肉中特別多，據說市面上 4～6 成的雞肉都帶有此菌。因為曲狀桿菌對雞本身不會造成傷害，基本上很難從雞身上去除。但曲狀桿菌並不耐熱，好好加熱再吃的話，是很安全的。

**曲狀桿菌
在雞肉中特別多**

了解更多 生食等級的「雞肉生魚片」必須經過特別的加工處理，才能預防食物中毒。

為什麼會中暑呢？

(關於中暑)

> 體內的水分及鹽分流失，
> 導致身體無法調節體溫，產生中暑現象。

這樣就懂了！ **3** 個大重點

中暑從輕症到重症都有

中暑會導致暈眩、頭痛、體溫升高、痙攣等症狀，嚴重的話也有致死的病例。中暑容易在溫濕度較高或進行劇烈運動時發生。

體內的控溫機制非常重要

我們體內會發熱及散熱，當人體無法良好的散熱時，就會大量出汗。汗水會將人體的水分及鹽分一併帶走，導致血壓下降、肌肉也會變得僵硬。

多補充水分及鹽分，也要注意環境變化

預防中暑，首先要補充水分及鹽分，而且是要在感覺到口渴前就隨時補充比較好喔。再來，穿著通風輕薄的衣物、避免悶熱，在屋子裡時也把電扇或冷氣打開吧。

臟器　五感　機能　身體動態　疾病　身體網絡

了解更多 不只在炎熱的夏天，在梅雨季前中暑的人也變多了。

為什麼會燒燙傷呢？

(關於燒燙傷)

觸碰高溫的物品，導致皮膚受傷了就是燒燙傷。

這樣就懂了！ 3 個大重點

燒燙傷是日常生活中常見的危險意外

大家有打翻熱湯被燙到的經驗嗎？因陽光、熱湯、鐵板、火災等原因，讓皮膚出現受傷的狀況，就稱為燒燙傷。嚴重的燒燙傷有可能致命。

皮膚的防禦機制壞掉了

皮膚本來有保護人體受到熱等刺激傷害的防護機制。但是，當觸摸到一定溫度以上的物品時，防禦機制受到破壞，導致細胞無法作用、周邊血管堵塞，使皮膚出現泛紅、浮腫的狀態。

燒燙傷也可能引起感染

燒燙傷可依深度及廣度兩方面判別燒燙傷的程度。程度不同在症狀及治療上有很大的差異。燒燙傷也可能造成其他的感染或是脫水等症狀。

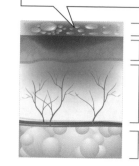

皮膚防護機制受損，血管堵塞導致皮膚泛紅浮腫

角質層
表皮
真皮
皮下脂肪

了解更多 「曬傷」也是燒燙傷的一種。市面上販售的防曬乳可以預防曬傷。

為什麼冬天比較容易感冒呢？

(關於冷熱)

病毒容易在乾燥的時候進入人體，且天冷時免疫力變弱，無法擊退病毒，引起感冒。

這樣就懂了！ 3 個大重點

冬天及乾燥都是造成感冒的原因！

乾燥是冬天容易感冒的其中一個原因。造成感冒的病毒，在乾燥時更容易飄散在空氣中，並透過呼吸從鼻子進入人體，造成感冒。

免疫力下降更容易感冒

突然溫度下降，很難選擇要穿的衣物。即使不覺得冷，突然吸入的冷空氣會導致支氣管及肺部溫度降低，身體溫度跟著下降，免疫力變弱，人體無法擊敗入侵的病毒就感冒了。

要如何預防感冒？

為了避免乾燥，室內的濕度要保持在 50 ～ 60% 之間。掛著沾濕的毛巾也是不錯的方法。強化免疫力、確實補充營養、保持良好的睡眠及運動都非常重要。

乾燥

身體寒冷導致免疫力下降

了解更多 經調查，未睡滿7小時的人，比睡了8小時以上的人，得到感冒的機率多出3倍。

凍瘡是什麼呢？

（ 關於凍瘡 ）

冬天時，因天氣寒冷導致手腳出現腫脹發癢的狀況，就是凍瘡。

這樣就懂了！ 3 個大重點

寒冷的冬天導致手腳血流惡化！

冬天的時候，你是否有在手腳尖及耳垂感到紅腫發癢的經驗呢？這是因為寒冷時血管收縮，血流不佳造成凍瘡。凍瘡嚴重時還可能會生成水泡。

一天的溫差也可能造成凍瘡出現

凍瘡容易在平均溫度 4～5℃及一日溫差達 10℃左右的環境出現。因此，比起寒冬，在剛踏入冬天一天內溫差較大時，更容易發生凍瘡的情形。就算是住在較暖和的區域也可能出現凍瘡喔。

凍傷時，手腳指尖及耳垂等部位會出現紅腫

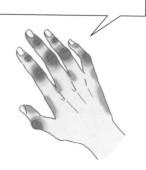

預防凍瘡的方法

天冷時戴帽子及手套保持溫暖。吃溫熱的食物或是按摩，讓體內溫暖促進血液循環，都有預防凍瘡的效果。

了解更多 小朋友因為脂肪少且易受氣溫影響，比起成人更容易出現凍瘡。

低體溫症 是什麼呢？

(關於失溫)

因為寒冷或疾病等原因，
導致體溫下降，就是低體溫症（失溫）。

這樣就懂了！ 3 個大重點

失溫指的是人體核心體溫低於35℃

低體溫是指人體核心的體溫（深部體溫）低於 35℃的狀態。嚴重時會導致心跳及呼吸停止。好發於老年人及孩童身上，要特別注意。

失溫因環境及疾病引起

失溫有分成因環境寒冷及疾病引起的狀況。因此，體內控溫機制較差的老年人及孩童較易失溫。另外，像是細菌進入人體、內分泌及頭部的疾病，都可能使人體的控溫機制無法順利運作，造成失溫。

深部溫度降到35℃以下時，
可能導致心臟停止運作

不管怎樣，保暖最重要

當身體感到異常寒冷，對他人的呼喊沒反應時，請立刻叫救護車。如果還有反應，請先移往溫暖的場所，並使用毛巾等物協助保暖。

了解更多 在醫院可以靠將溫度計放入直腸、膀胱、食道來測量核心體溫。

臟 器

五 感

機 能

身體動態

疾 病

身體網絡

身體動態　「冷熱」之週
一 二 三 四 五 六 日

讀過了！
月　日

凍傷時我們身體發生了什麼變化呢？

（ 關於凍傷 ）

凍傷時皮膚的細胞壞死。
嚴重的話，可能需要切除凍傷的部位。

這樣就懂了！3 個大重點

凍傷時細胞遭到破壞
凍傷指的是在 0°C 以下的地方，手腳指尖等部位因血流惡化導致皮膚組織受損，細胞壞死。是攸關生病相當危險的狀態。

凍傷可能導致失溫，必要時須截肢
凍傷容易發生在山難或是冷凍櫃意外中。嚴重的話，手腳等細胞因完全壞死，必須透過手術切除。另外，因體溫過低、血流不順，也可能造成失溫。

凍傷分成許多不同的等級
淺層凍傷及稍為嚴重的凍傷會使皮膚變得蒼白、出現水泡，整體呈現腫脹的狀態。嚴重的凍傷，皮膚會完全失去知覺。且不管冷熱皮膚整體會變得灰白。

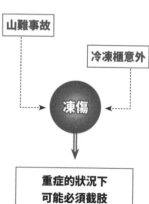

山難事故 → 凍傷 ← 冷凍櫃意外

↓

重症的狀況下
可能必須截肢

了解更多 扭傷時進行冰敷，如果敷太久也可能造成凍傷，要非常小心。

為什麼會起雞皮疙瘩呢？

(關於雞皮疙瘩)

因寒冷或緊張導致肌肉收縮，雞皮疙瘩就出現了。

這樣就懂了！ 3 個大重點

什麼時候會出現雞皮疙瘩呢？

在寒冷或是聽到恐怖的事情時，皮膚上出現一顆一顆的東西就是雞皮疙瘩。這是因為皮膚表面變得像插有羽毛的雞皮一樣，才有這樣的名稱出現。雞皮疙瘩的出現主要是在避免體溫流失。

出現雞皮疙瘩的機制

一個毛孔就有一根毛髮。當根部豎毛肌收縮時，毛髮就會直立。當感到寒冷或是緊張時，豎毛肌便會自然收縮。如果毛孔也同時收縮的話，就會出現一顆顆的雞皮疙瘩了。

動物也有雞皮疙瘩

動物的毛髮也會豎起。透過製造毛髮間可以流通空氣的空間，藉此維持體溫。另外，當感受到危險時，為了威嚇對手，也會讓毛髮直立讓自己看起來比實際更強壯。

豎毛肌收縮拉扯毛髮，毛髮就立起來了

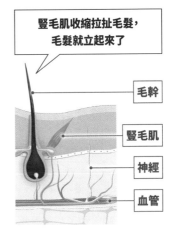

毛幹
豎毛肌
神經
血管

了解更多 有一說指雞皮疙瘩是人類曾經是野獸所留下的痕跡。

為什麼眼睛會泛紅呢？

（ 關於眼睛泛紅 ）

因某些原因導致血液集中在眼白或眼皮，造成眼睛泛紅的情形。

這樣就懂了！ 3 個大重點

流眼淚或眼睛疲勞時，血液會集中在眼部造成泛紅

眼周、眼皮、眼白的部分都有血管通過。因血管相當細小，平常並不顯眼，但是在流淚或是眼睛疲勞時，血液會集中使血管變粗，加上眼周的皮膚較薄，就會泛出紅紅的血色了。

當淚腺活躍時，血液也會集中

流淚時，眼睛的神經會變得興奮，淚腺也會勤奮的製造淚液。這時候因為需要充足的氧氣和營養，血液便會大量的集中於眼部。揉眼睛也會刺激眼周使眼睛泛紅喔。

睡眠不足或疲倦時眼睛也會泛紅

眼睛感到疲倦時，為了恢復活力需要大量的氧氣跟營養。和流眼淚時一樣，血液為了提供需要的養分集中於眼部，眼睛就會泛紅。有這種情況就盡可能讓眼睛好好休息吧。另外，當有細菌跑進眼睛時，為了要跟細菌對抗，血液也會集中在眼部使得眼睛看起來紅紅的喔。

眼球裡的血管變粗了，就會讓眼睛看起來是紅色的

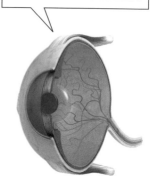

器官 五感 機能 身體動態 疾病 身體網絡

了解更多 兔子的眼睛因為眼球不含色素，所以看起來紅紅的。

針眼是什麼呢？

（ 關於麥粒腫 ）

眼睛受到細菌的感染，
導致眼周出現小小的突起腫塊。

這樣就懂了！ 3 個大重點

眼皮內的腺體發炎化膿

金黃色葡萄球菌等細菌進入眼睛並增生，導致眼皮腫脹，這就是「針眼（又稱麥粒腫）」。針眼又可細分為皮膚外側腫脹及內側腫脹的兩種類型。

眼皮出現腫脹硬塊，壓了會痛

長出針眼後，眼睛會紅且發癢，並有異物感。數天後會出現膿液，大部分的人在膿液流出後針眼的狀況就會改善。但是如果症狀過於嚴重，也可能引起耳下腫脹疼痛。所以在變嚴重之前，還是儘早就醫比較好喔。

〈針眼〉

金黃色葡萄球菌

名稱依地區不同有所差異

針眼又被稱為「眼腺炎」、「目尖」等，依地區不同有不一樣的叫法。日文針眼的名稱源於有「收到他人的東西後就會治癒」的說法，所以稱為「ものもらい」（中文直譯：收到東西）。在醫學上正式的名稱為「麥粒腫」。

了解更多　我們的皮膚、手指、毛髮中，也都存在著金黃色葡萄球菌。

為什麼會有黑眼圈呢？

(關於黑眼圈)

疲勞導致血流變差時，眼睛周圍會出現黑色的陰影，這就是黑眼圈。

這樣就懂了！ 3 個大重點

黑眼圈分成三種

黑眼圈因成因不同有「藍黑色」、「咖啡色」、「黑色」這三種。藍黑色的黑眼圈是因疲倦或睡眠不足，導致眼周血流不順引起。當血液流過皮膚透出的顏色就是藍黑色。

過度日曬也會出現黑眼圈

咖啡色的黑眼圈，是因日曬後分泌的黑色素經過經年累月的累積，變得黝黑後就出現在皮膚上了。強力的摩擦也會導致黑色素增加，要特別注意。

隨年紀增長而出現的黑眼圈

黑色的黑眼圈，是因年齡增長眼睛下方的皮膚下垂、凹陷，導致在眼下出現的陰影。但並不是每個人隨年紀增長都會出現這類型的黑眼圈。不要過度日曬、維持正常的生活作息等，就不容易生成黑眼圈了喔。

因血流變差或眼周凹陷，使眼睛下方出現黑眼圈

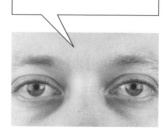

了解更多 歌舞伎表演為了讓臉部表情更加豐富，有加強眼周色彩被稱為「隈取」的化妝方式。

乾眼症是什麼呢？

(關於乾眼症)

乾眼症是淚液過少導致眼睛乾澀的疾病。

這樣就懂了！ 3 個大重點

眼睛無法生成淚液，導致乾燥的疾病

眼淚會覆蓋眼球表面形成保護的屏障。得到乾眼症時，淚液的分泌量不足且成分失去平衡，導致無法順利分泌淚液，造成眼睛乾澀。有時也可能導致眼睛的表面受傷。

長期使用電腦或打電動會造成乾眼症

眨眼可以協助淚液的分泌，並且有可使淚液均勻分布在眼球表面的功能。但當使用電腦或打電動時，眼皮會一直維持在同一個位置，就容易出現眼睛乾澀的乾眼症症狀。戴隱形眼鏡及吹冷氣也是造成眼睛乾澀的原因之一。

眼睛疲勞、突然視線模糊等狀況出現

乾眼症不只是眼睛感到乾澀，更會出現眼睛更容易感到疲勞、突然視線模糊等症狀。如置之不理便可能受傷。另外，電腦或電動玩具螢幕發出的藍光，也會影響人體的生理時鐘，要特別注意。

〈正常的眼睛〉

〈乾眼症的眼睛〉

淚液減少造成眼睛乾澀的情形

了解更多 有意識地提醒自己眨眼、按摩，可預防乾眼症。

有人無法分辨顏色的差異嗎？

（ 關於色覺異常 ）

因為視網膜的「椎體細胞」異常，導致無法正確的分辨顏色。

這樣就懂了！ **3** 個大重點

三種椎體細胞無法正常作用導致「色覺異常」

負責分辨及感知顏色的椎體細胞有紅、藍、綠三種。只要其中一種無法正確發揮作用，在顏色的辨識上就會遇到困難。色覺異常有幾種不同的種類，依照無法辨別的顏色，有相應對的辨色方式。

有先天性及後天性的色覺異常

色覺異常分成因遺傳引起的「先天性色覺異常」以及非遺傳的「後天性色覺異常」。在日本，男性約有 4.5%、女性約有 0.17% 是無法辨別紅與綠的先天性紅綠色盲。後天性色覺異常指的是因眼睛等疾病導致出現無法分辨顏色狀況。

導致後天性色覺異常的原因相當的多

白內障、青光眼等眼睛的疾病，腦部疾病、壓力等心因性的原因，都有可能引起後天性的色覺異常。先天性的狀況下，雖然沒有有效的治療方法，但如果可以早點知道對哪些顏色有辨識上的困難，對日常生活其實就不會有太大的影響。

色覺異常

先天性色覺異常
多為無法辨別
紅色及綠色

後天性色覺異常
因眼部疾病
或是腦部疾病引起

了解更多 色覺異常在以前被稱為有「色盲」、「色弱」，但現在已經不太用了。

脳
器

五
感

機
能

身
體
動
態

疾
病

身
體
網絡

白內障是什麼樣的疾病呢？

（ 關於白內障 ）

> 白內障是因「水晶體」變得白濁，導致視力逐漸衰退的疾病。

這樣就懂了！ **3** 個大重點

水晶體變得混濁，導致視線模糊不清

負責接收光線像鏡片一般的「水晶體」變得白濁，讓看到的東西變得模糊不清的疾病就是「白內障」。導致水晶體白濁的原因有很多，像是年齡增加、糖尿病、受傷等。另外，因紫外線引起的白內障也相當常見。

在日本60歲以上的老年人中，六成患有白內障

如排除先天性及因糖尿病引起的白內障患者，白內障好發於 40 歲以上的人身上。即便過著平凡的日常生活，隨年齡增長便可能發病。

可透過眼藥水或是開刀延緩病程

輕症的狀況下，可透過眼藥水延緩病程進行的速度。但當狀況惡化，亦可進行置換人工水晶體的手術。

〈健康的眼睛〉

〈白內障的眼睛〉

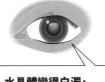

> 水晶體變得白濁，視線變得模糊不清

了解更多 不只是人類，狗、貓咪、兔子都有可能得到白內障。

臟器
五感
機能
身體動態
疾病
身體網絡

青光眼是什麼樣的疾病呢？

(關於青光眼)

青光眼是眼球中的液體無法順利排除，導致視神經受損、視野變窄的疾病。

這樣就懂了！ 3 個大重點

眼睛中的液體壓迫視神經，造成視覺障礙

眼球中分泌的房水（負責將養分運送給角膜及水晶體的液體）如無法順利排流，累積的房水就會壓迫視神經。當神經受到壓迫，視覺的訊息便無法傳送給大腦，導致視力變差。青光眼在日本是導致失明的原因的第一名。

青光眼的成因尚未釐清

「先天性青光眼」、「隅角開放性青光眼」、「隅角閉鎖性青光眼」等，青光眼有很多部不同的類型。除了先天性青光眼，其他的類型目前成因不明。壓力被認為是造成青光眼的成因之一。

引起頭痛或眼睛痛，並可能造成失明

急性青光眼會突然出現頭痛、眼睛痛及噁心的症狀，並可能導致失明。慢性青光眼的話，視力則會慢慢衰退。但因即便視野變窄，另一隻眼睛會協助觀看的工作，所以慢性青光眼常不容易發現。除了透過眼藥水之外，亦可用雷射進行治療。

房水壓迫到視神經，導致視力變差

角膜　視神經

房水　水晶體

了解更多 從前歐洲的青光眼患者眼球會泛著綠光，所以才叫做「青光眼」。

男性生殖器的構造是什麼樣子呢？

(關於男性生殖器)

「製造、儲存」精子並將其「傳送」給卵子，就是男性生殖器的任務。

這樣就懂了！ 3 個大重點

男性生殖器並非只有眼睛所見的部分

說到男性生殖器，一般來說會想到陰莖及陰囊兩部分。其實男性體內還有另一部分負責生殖（生育機能）的構造。外觀可見的是外生殖器官，看不到的部分則稱為內生殖器官。

外生殖器官是儲存桶及發射台

陰莖由尿道及包圍尿道的海綿狀「海綿體」組成。平常是未勃起的狀態，只有在射精的時候會充血變硬。陰囊在體外主要是為了提供怕熱的精子一個涼爽的儲存空間。

內生殖器官負責支援精子的旅程

為了確保精子能夠安全、確實的送抵卵子身邊，精囊、攝護腺及尿道球腺會分泌液體。這些液體與精子混合在一起就被稱為「精液」。精液有幫助精子活動的功能。

〈男性生殖器構造〉

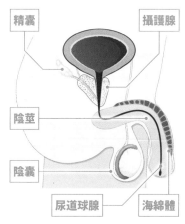

精囊　攝護腺

陰莖

陰囊

尿道球腺　海綿體

了解更多 精子與尿液由同一個通道（尿道）排出，但並不會混在一起。

臟器

五感

機能

身體動態

疾病

身體網絡

睪丸在人體負責什麼樣的工作呢？

（ 關於睪丸 ）

睪丸是製造精子及分泌男性荷爾蒙的地方。

這樣就懂了！ **3** 個大重點

睪丸負責儲存製造精子的細胞

睪丸又稱為精巢，是只有男性才有的器官。睪丸是負責製造並儲存搭載父親遺傳訊息的精子。精子則是由「原始生殖細胞」經過 74 天增殖、成熟所產生的。

精子負責搭載男性的訊息

精子是一個形狀像蝌蚪，細細長長約 0.05 公釐的細胞。負責將位於精子頭部的 23 條染色體（第 182 頁）送抵卵子中。

「男性荷爾蒙」協助發展成男性的體態

除了製造精子，睪丸也能協助身體發育形成男性的性徵，像是鬍子、喉結等。另外男性的體格會比女生看起來更強壯，也是因為睪丸分泌男性荷爾蒙的影響。

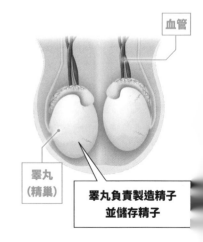

血管

睪丸
（精巢）

睪丸負責製造精子並儲存精子

了解更多 女性體內也會製造男性荷爾蒙。

女性生殖器的構造是什麼樣子呢？

關於女性生殖器

分成內生殖器官及外生殖器官，
從外部只能看到入口。

這樣就懂了！ **3** 個大重點

女性生殖器官是製造卵子，並在受精後孕育胎兒的地方

子宮包含所有孕育新生命需要的構造。直徑約 0.2 公釐的受精卵成長到約 3000
克的胎兒的過程，都是在子宮內進行。

外生殖器官並不顯而易見

女性生殖器官外側的部分包含大陰脣、小陰脣、
陰蒂、陰道前庭。而陰道則在尿道口及肛門的
中間。

內生殖器官位於下腹部的骨盆中

陰道是長約 8 公分的管狀構造，是負責連結子
宮跟外部世界的通道。子宮位於陰道深處、膀
胱的正上方，是一個由厚實的肌肉組成的袋子，
平時長約 7 公分、寬約 4 公分。負責生長成胎
兒的卵子，則是由位於子宮兩側，大小約 2 ～ 3
公分的球狀臟器——卵巢（第 362 頁）所製造。
卵巢也會分泌雌激素喔。

〈女性殖器官的構造〉

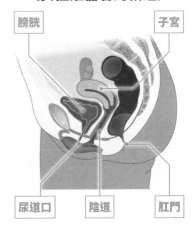

膀胱　　　　子宮

尿道口　　陰道　　肛門

了解更多 乳房並不屬於生殖器官。

臓器

五感

機能

身體動態

疾病

生殖細胞

卵巢在人體負責什麼樣的工作呢？

(關於卵巢)

卵巢是製造雌激素及胎兒原始細胞的地方。

這樣就懂了！ **3** 個大重點

胎兒時期卵子就已經存在體內

卵巢是位於子宮上方左右各一，大小約 2～3 公分的臓器。在胎兒時期就已存有許多卵子的卵原細胞。青春期開始分泌雌激素後，便會開始製造卵子。

從卵原細胞發育成卵子

進入青春期後，腦下垂體分泌的荷爾蒙會刺激卵原細胞開始活動。每個月一次，成熟的卵子會由左邊或是右邊的卵巢排出，前往輸卵管並與精子相會。如受精成功就會變成受精卵。受精卵邊分裂邊前往子宮，附著（著床）在子宮上後，開始進行細胞分裂。

藉由雌激素維持身體健康

雌激素對未懷孕的女性身體機能亦扮演相當重要的角色。對女性來說有提高骨質密度的作用。

〈女性的內生殖器官〉

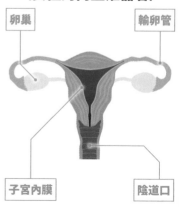

卵巢　　　輸卵管

子宮內膜　　陰道口

了解更多 卵巢有兩個，即便有一個失去功能，依然可以懷孕及分泌荷爾蒙。

為什麼會有生理期呢？

(關於月經)

為了重新整理為著床準備的子宮內膜，才會有生理期的出現。

這樣就懂了！ 3 個大重點

生理期是為了重新整理子宮的環境

當卵子受精後，便會開始進行細胞分裂形成胎兒。因此，子宮裡需要準備柔軟的黏膜等待著床。如果沒有受精的話，沒有用到的黏膜就會跟著卵子一次全部排出體外。這個過程一個月會發生一次，就是所謂的生理期。

因為大概一個月會發生一次，所以又稱為「月經」

生理期的週期因人而異，大多是每隔 28 天後，會持續 5 天生理期。因為每個月會出現一次，所以又稱為「月經」。

要特別注意生理期的不適

生理期過後約兩週，子宮內膜會再度增厚，之後兩週，子宮內膜變得柔軟，等待精子著床。而負責這些工作的荷爾蒙，也可能會使人在生理期前感到不適。造成有些人腹痛或是腰痛的症狀。

有些人在生理期前會出現肚子痛或是腰痛的狀況

了解更多 生理期時，女生某段時期體溫會有1℃左右的差異。

363

小嬰兒是怎麼生出來的呢？

（ 關於懷孕 ）

受精卵在子宮著床是孕育生命的開端。

這樣就懂了！ **3** 個大重點

一顆精子、一顆卵子，就可以發育一個小嬰兒

男性射精一次約有數億個精子排出體外。但抵達卵子所在的輸卵管時，精子只剩下數十顆。而且，即便精子遇見卵子，只有能成功穿透卵子的1顆精子才能受精。

受精的機會很少

從卵巢出來的卵子會附著在輸卵管前端。壽命約半天～一天左右。只有在這個相當短的時間內與精子相遇才能完成受精。精子的壽命也只有 2～3 天左右，所以受精的機會並不多。

從著床到懷孕

即便很幸運地變成了受精卵，也還不能完全放心。受精卵還必須安全的移動到子宮，並在子宮內膜著床成功才行。如果沒有順利著床，就無法懷孕。

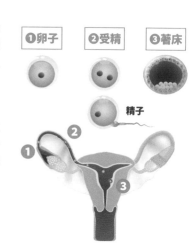

❶卵子　❷受精　❸著床

精子

了解更多　當受精卵變大後分裂成兩顆，就會變成同卵雙胞胎了。

母乳是如何製造的呢？

（ 關於母乳 ）

母乳由乳腺製造，而微血管會提供製造所需的材料。

這樣就懂了！ **3** 個大重點

母乳的原料是媽媽的血液

母乳（乳汁）乳房的乳腺組織中的乳腺泡細胞製造。乳腺泡細胞會形成小小的團狀，並有數個類似的構造，形成綿密「束狀」的乳腺小葉。周圍微血管中的血液就會變成母乳了。

從生產前就開始準備製造母乳

子宮負責孕育著床後的受精卵，胎盤也開始作用，進行泌乳的準備。當接收到荷爾蒙的指令，乳腺小葉受到活化，乳房就變大了。

母乳的成分會隨時間改變

小寶寶剛出生時分泌的母乳稱為「初乳」，是媽媽將免疫的成分遞送給寶寶，十分珍貴的母乳。之後分泌的乳汁則是富含提供小寶寶成長必須成分。因此小寶寶一開始跟最後喝到的母乳濃度會不一樣喔。

〈乳房的構造〉

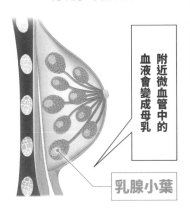

附近微血管中的血液會變成母乳

乳腺小葉

臟器　五感　機能　身體動態　疾病　身體構造

了解更多 乳房大小跟是否容易分泌乳汁並沒有關係。

過敏是什麼呢？

（ 關於過敏 ）

過度的免疫反應導致身體受到傷害，就是過敏。

這樣就懂了！ **3** 個大重點

過敏原指的是會引起過敏反應的物質

有些人在吃了雞蛋之後會出現過敏反應，這種會引起過敏的物質就是過敏原。像是杉樹花粉、雞蛋、牛奶、蕎麥、亮皮魚等食物，戒指、時鐘等金屬，都可能是引發過敏反應的過敏原喔。

過敏的症狀因人而異

即便是擁有相同的過敏原，不同人身上所表現的過敏症狀也不一樣。有些人症狀可能很輕微，但有些人可能會引發休克，甚至造成死亡。

過敏的狀況增加但原因不明

在日本等已開發國家出現過敏症狀的人越來越多，但造成這個現象的原因還不明朗。有一說是因為環境太過乾淨，再來還有壓力、不均衡的飲食、睡眠不足等原因，都可能導致過敏。

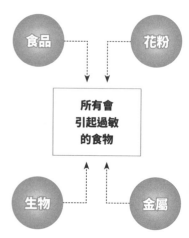

食品　花粉

所有會引起過敏的食物

生物　金屬

臟器
五感
機能
身體動態
疾病
身體網絡

了解更多 過敏「Allergy」的語源是參考希臘語「奇妙的反應（allos ergos）」所創造的詞語。

異位性皮膚炎是什麼呢？

關於異位性皮膚炎

因細菌等因素使得皮膚反覆出現濕疹，是一種皮膚的過敏。

這樣就懂了！ 3 個大重點

皮膚的防護機制受損導致過敏

皮膚平時具有防護的功能，可以阻擋細菌等入侵。但當皮膚乾燥、受傷時，防護機能變弱，細菌入侵、免疫細胞產生反應，引發過敏並感到搔癢。

有些體質較容易出現過敏反應

如果家族中有易過敏的體質，孩童時期就特別容易出現異位性皮膚，即便長大成人，當皮膚乾燥、流汗、受衣服摩擦刺激時，就容易出現發癢症狀。

治療過敏會使用含類固醇的藥物或注意肌膚護理

治療異位性皮膚炎的方法，多是以含有類固醇的藥物抑制發炎及發癢。再來，使用潤膚乳替肌膚保濕也相當重要。另外要特別注意不可接觸到含有過敏原的食物。

〈健康的肌膚〉　〈異位性皮膚炎的肌膚〉

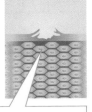

肌膚防護機能薄弱，導致細菌入侵引起發癢

金屬為什麼會引起過敏呢？

（ 關於金屬過敏 ）

金屬離子從皮膚進入人體，並附著在體內的蛋白質上。

這樣就懂了！ **3** 個大重點

耳環或牙齒的填充物導致皮膚發炎

飾品及牙齒填充物都可能導致皮膚發炎。當金屬接觸到汗、唾液等物質，金屬離子便會溶解並與體內蛋白質連結，就會成為引起過敏的過敏原。

導因是容易變成離子的金屬

金屬中有在接觸液體後特別容易變成離子的金屬。比如用於飾品、手錶、眼鏡及牙齒填充物的鎳、鈷、鉻等金屬特別容易離子化，要相當小心。

不容易離子化的金屬有哪些？

金、銀、鉑、鈦等是不易離子化的金屬，也較不容易引起過敏反應。但即便是不易離子化的金屬，如果像是牙齒填充物一樣長期接觸人體，一樣可能引發過敏反應。

體內蛋白質　—結合—　金屬離子

↓

成為引起過敏的過敏原

368

了解更多 耳環金屬的部分因深入接觸皮膚故易引起過敏。

全身性過敏反應是什麼呢？

(關於過敏反應)

引發全身性的過敏反應，
甚至可能在數分鐘內危及性命。

這樣就懂了！ 3 個大重點

令人聞之喪膽的過敏性休克
全身器官突然出現過敏反應，皮膚出疹發癢、嘴唇及舌頭腫脹、腹痛、拉肚子、嘔吐等症狀。當出現血壓過低及意識障礙的情形，就是過敏性休克。

即便是只有一點點過敏原也要相當注意
特別容易引起全身性過敏反應的過敏原，有像是蜜蜂或螞蟻的毒素、抗菌及止痛藥等藥物、雞蛋及小麥粉、甲殼類、蕎麥、堅果類等食物，或以天然橡膠為主要成分的乳膠等。只需要一點點的量就會引起休克，要非常非常小心。

因可能危及性命
須盡早治療

儘早注射腎上腺素！
全身性過敏反應最快在攝入過敏原後 1～2 分鐘，最慢在 30 分鐘就會出現休克的狀態。須盡快注射腎上腺素進行治療。

了解更多 全身性過敏「anaphylaxis」是源自希臘語中「ana(預防)+phylaxis(警戒)」。

食物過敏是什麼呢？

（ 關於食物過敏 ）

吃進特定食物會引起過敏反應的疾病。

這樣就懂了！ 3 個大重點

重症的狀況下相當危險！飲食須排除過敏原

當吃下過敏原後，皮膚會發癢或出現蕁麻疹，也可能出現腹部疼痛、咳嗽、打噴嚏等症狀。重症時會導致呼吸困難或引起過敏性休克，吃飯時需特別注意，不要食用到過敏原。

須確認是否含有過敏原

食物過敏不僅只是從嘴巴進入人體的食物可能引起，鼻子吸入、有傷口的皮膚或是打針都有可能引發食物過敏。三大食物過敏的過敏原分別是雞蛋、牛奶及小麥。其他還有像是甲殼類、水果、蕎麥、大豆、花生等。針對特別容易引發過敏的 7 項食材，依規範必須標註於加工食品上。

有些食物在成人之後就可以吃了

在兒童時期的過敏原，可能在成人後就可以吃了。但也有些食物是隨年齡增長而轉變為過敏原的。

〈7項特定原料〉

| 蝦子 | 螃蟹 | 小麥 |

| 蕎麥(果實) | | 蛋 |

| 奶類 | 花生 |

了解更多 日本7項特定原料分別是「蛋、奶類、小麥、蕎麥、花生、蝦、螃蟹」。

結締組織疾病是什麼樣的疾病？

關於結締組織疾病

結締組織疾病並不是一種疾病的稱呼，而是多種疾病的統稱。

這樣就懂了！ 3 個大重點

結締組織疾病是數個疾病的統稱

結締組織疾病又稱「膠原病」，膠原位於連接身體臟器及器官的結締組織中。也就是跟膠原蛋白發炎有關疾病的統稱。像是類風濕性關節炎（第 197 頁）、系統性紅斑性狼瘡、硬皮症、乾燥症等，都屬於結締組織疾病的範疇。

隨著研究有所進展，結締組織疾病的觀念也有所改變

隨著研究進展，需滿足「結締組織疾病」、「自體免疫疾病」及全身性骨頭、肌肉、關節等處疼痛之「風濕性疾病」三種條件，就會被歸類為結締組織疾病。

結締組織疾病患者以女性較多

結締組織疾病較常出現在 20 ～ 50 歲的女性身上。這是因為女性有月經，女性荷爾蒙的分泌又與免疫反應有關的緣故。另外，女性為了保護在懷孕、生產過程中的胎兒，也較容易引發自體免疫的反應。

結締組織疾病是膠原蛋白發炎的疾病統稱

結締組織疾病

類風濕性關節炎、
系統性紅斑性狼瘡、
硬皮症、乾燥症

了解更多　結締組織疾病的「膠」，指的就是在漿糊中使用的「膠」。

臟器

五臟

機能

身體動態

疾病

身體結構

肥大細胞是什麼呢？

（ 關於肥大細胞 ）

位於皮膚或黏膜下方，帶有會引發過敏症狀的組織胺。

這樣就懂了！ 3 個大重點

肥大細胞分泌組織胺，引起過敏症狀

組織胺會引發流鼻水、打噴嚏等過敏症狀。位於皮膚或黏膜下方的肥大細胞，接觸到過敏原後便會釋放組織胺，引發過敏症狀。

肥大細胞在日文又稱「肥滿細胞」

組織胺是肥大細胞中顆粒狀的物質，當腫脹時較為明顯。因此，肥大細胞在日文又稱為「肥滿細胞」。

與組織胺有關的過敏

組織胺會使血管擴張、肌肉收縮。與組織胺有關的過敏有食物過敏、花粉症、過敏性鼻炎、支氣管氣喘、異位性皮膚炎等。這是疾病都是當過敏原進入體內後，馬上會出現過敏反應的疾病，所以又稱立即性過敏。

〈肥大細胞〉

過敏原

組織胺

了解更多 組織胺在人體體內約2～3小時就會被分解。

落枕
是什麼呢？

（ 關於落枕 ）

起床時，脖子及肩膀
因為僵硬而無法動作。

這樣就懂了！ **3** 個大重點

睡覺的姿勢如果不正確，容易導致落枕

不自然的睡覺姿勢導致落枕的狀況相當常見。平常睡覺的時候，如果感覺不舒適，即便閉著眼睛，身體也會無意識地調整姿勢。但是當過於疲倦、睡眠不足時就會無法順利的調整姿勢。

落枕也可能引起關節發炎

疼痛的原因有很多，睡覺時因不自然的姿勢使得肩頸血液循環不佳，導致關節等部位引起輕微的發炎症狀。正因如此，起床時會感到疼痛。

約數小時後便會復原

大部分落枕的情形會在數小時或數天內復原。但如果依然持續感到疼痛，還是需到醫院由醫生進行診斷。雖可以伸展或做簡單的體操舒緩，但如果勉強活動可能會使疼痛加劇且更難以復原，需特別注意。

了解更多　如枕頭跟頭部的大小無法配合，便容易落枕。

為什麼會打鼾呢？

(關於打鼾)

睡覺時因喉嚨變窄就打鼾了。

這樣就懂了！ 3 個大重點

打鼾是身體裡的哪個部位發出的聲音呢？

我們在睡覺時也會呼吸。當睡覺時喉嚨變窄，空氣進入喉嚨後使其震動，這就是打鼾的聲音來源。特別是在想睡的時候，支撐喉嚨的肌肉放鬆，比起醒著的時候喉嚨更容易變得狹窄。

什麼樣的人會打鼾呢？

除了非常勞累時會使人打鼾，肥胖、喝酒、服用安眠藥也都很容易引起打鼾。另外，齒列不整或咬合不佳的人也容易出現打鼾的情況。

要怎麼做才可以讓鼾聲停下來呢？

採取側睡的姿勢可以抑制打鼾的狀況。另戴口腔矯正器睡覺，也可以改善打鼾的症狀。如果上述方法還是無法改善、打鼾情況加劇的話，就有可能是睡眠呼吸中止症，要特別注意。

舌頭　**平時的狀態**

打鼾時的狀態

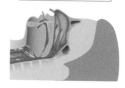

了解更多 日文的打鼾「いびき」語源似乎是從「いきびき (呼吸停止)」及「いきひびき (呼吸聲響)」這兩個詞彙而來。

睡眠呼吸中止症是什麼呢？

(關於睡眠呼吸中止症)

在睡覺的時候，呼吸會反覆暫停的疾病。

這樣就懂了！ 3 個大重點

一小時內呼吸停了約5次！？

睡眠呼吸中止症的患者因打鼾狀況太過嚴重，會導致呼吸中止。當一小時內呼吸暫停了 5 次，每次 10 秒以上的話，就有可能是睡眠呼吸中止症了。也就是「呼吸→打鼾→呼吸暫停→呼吸」反覆發生。

睡眠呼吸中止症是相當可怕的疾病

睡眠呼吸中止症不只會有呼吸暫停的狀況。還和高血壓、腦中風、狹心症、心肌梗塞等疾病有所關聯。當呼吸中止的狀況越頻繁，風險就越高。亦可能造成突發性的死亡。

睡眠呼吸中止時的狀態

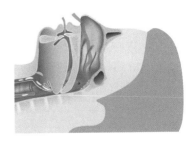

如果放任打鼾會相當危險

睡眠呼吸中止症因為是打鼾嚴重的人易患有的疾病，所以成因相同。肥胖的人、抽菸或是常喝酒的人，都較容易得到這個疾病。另外，原本舌頭就比較大、脖子較粗、喉嚨較窄的人等，也相對容易得到睡眠呼吸中止症。

了解更多 雖不是無呼吸的狀態，當呼吸好像要停止的微弱呼吸我們稱為「低通氣」。

失眠是什麼呢？

(關於失眠)

出現即使想睡也睡不著的症狀，就是失眠。

這樣就懂了！ **3** 個大重點

想睡但是睡不著

有想到不開心的事然後就睡不著的經驗吧。如果這樣的狀態持續一段時間，並出現倦怠、失去動力、專注力低落、頭很沉、暈眩、食慾不佳等症狀。就有可能會被診斷是失眠。

為什麼會睡不著呢？

壓力、身體疾病、心理疾病、食物及飲料的成份等都可能讓人睡不著。另外，熬夜、不規律的生活、家裡附近施工及車子的噪音等，都會有所影響。

失眠的對策

放下令人擔心的事、透過運動紓解壓力、維持規律的作息，都可以改善失眠問題。如果情況無法改善，須尋求醫生協助，藉由安眠藥協助提升睡眠品質。但須注意，如過度食用安眠藥可能會導致其他疾病，要非常小心。

左側標籤：臟器　五感　機能　身體動態　疾病　身體網絡

了解更多 泡澡、聽音樂等，睡前做一些可以放鬆的事情，能有助於睡眠。

生理時鐘
是什麼呢？

（ 關於生理時鐘 ）

> **人體內建可感覺到時間的節律，就是生理時鐘。**

這樣就懂了！ 3 個大重點

每種動物身體裡都有生理時鐘

地球上所有動物體內都有生理時鐘。這是為了要量測地球自轉的週期、一天 24 小時所存在的機制。人體的各種機能，會以生理時鐘為基礎，調整到最合適生活的狀態。

生理時鐘在光照後會重新計算

生理時鐘在一天一次照射到太陽光後就會重新設定。當一早起床照到太陽，我們的生理時鐘就會被重新啟動。所以生理時鐘每天都會不大一樣。

時差症候群是什麼？

到了國外，時間就不一樣了。在國內的生理時鐘和跟到了國外的當地時間產生差異，身體的功能如果無法配合國外的時間調整，就有可能產生不適。這就是所謂的時差症候群。

了解更多 12個小時的時差要約需8天才能恢復正常的生理時鐘。

為什麼喝咖啡後會睡不著呢？

(關於咖啡因)

> 咖啡中含有能醒腦的咖啡因，所以喝了之後會睡不著。

這樣就懂了！ **3** 個大重點

咖啡因並非只存在咖啡中

咖啡豆中含有被稱為咖啡因的物質，所以喝完咖啡後，我們會難以入眠。但咖啡因並非只包含在咖啡豆中，綠茶、紅茶、可可或是巧克力的可可豆裡面，也都含有咖啡因。

咖啡因會干擾幫助睡眠的物質

起床後，睡眠物質會逐漸在腦中累積，讓人產生想睡的感覺。睡眠物質有許多種類，其中一種就是腺苷酸。咖啡因會干擾腺苷與腦中的神經細胞結合。所以我們才感受不到睡意。

咖啡因在作為藥物的使用上相當活躍

咖啡因有利尿（讓人更容易排尿）的效果，更可使血液流暢、減緩疼痛，經常被作為藥物來使用。

了解更多 如果攝取過量的咖啡因，會造成咖啡因中毒。

猝睡症 是什麼呢？

(關於猝睡症)

無法自我控制，會突然睡著的疾病。

這樣就懂了！ **3** 個大重點

沒有睡意但就突然睡著了

平常我們會在睡眠不足或是疲倦時感到睡意襲來。猝睡症則是會在跟朋友出遊或走路時突然睡著。

在開心時突然無法施力

猝睡症除了有突然睡著的症狀外，還會在情緒高漲時，因肌肉突然沒力，導致突發性倒下受傷的狀況。這種情形特別在開心或笑等，正向情緒出現時容易發生。

也可能出現鬼壓床的情況

雖然原因尚不清楚，但因爲猝睡症發作時，腦部的活動會突然進入休息的狀態，而睡著後也常有出現幻覺的狀況。像是有不認識的人站在旁邊一直盯著你看，或是看到特別恐怖的幻覺出現鬼壓床的錯覺。

臟器 五感 機能 身體動態 疾病 身體調緒

為什麼會貧血呢？

（ 關於貧血 ）

因紅血球不足，導致氧氣無法送至全身。

這樣就懂了！ **3** 個大重點

離身體最遠的腦和四肢肢端會先受到影響

貧血指的是血液變得稀薄的狀態。紅血球數量減少，運送氧氣的血紅素的量也減少。導致氧氣無法送達離心臟較遠的腦和四肢肢端等部位，進一步引起頭暈目眩等症狀。

**在年輕人中較常見的是
因缺鐵引起的貧血**

貧血的成因可分為 ①大量出血 ②生成紅血球的材料不足 ③造血機能相關疾病 ④紅血球受損疾病等，這四種原因引起。年輕人中較常見的是生成血紅素的鐵質不足，進而引起缺鐵性貧血。如出現指甲裂開、嘴唇及舌頭發炎、容易掉髮等情況，就到醫院檢查看看吧。

透過飲食補充蛋白質及鐵質

透過均衡飲食補充增加紅血球的食物，可預防貧血。魚、大豆、牛奶、起士等含有豐富的蛋白質。肝臟、羊栖菜、紅肉等則富含豐富的鐵質。

了解更多 缺鐵性貧血有時候會引起「想要吃冰」的想法。

血糖值是什麼呢？

關於血糖值

血液含有的葡萄糖濃度就是血糖值。

這樣就懂了！ 3 個大重點

透過米飯或是麵包等碳水化合物吸收葡萄糖

當我們吃下米飯、麵包、麵食等碳水化合物，消化吸收後便換轉換成葡萄糖。葡萄糖會經由血液進入人體各個部位的細胞，作為能量使用。血糖值則是指血液中葡萄糖的濃度。

標準的血糖值約是在用餐後2小時左右

在用餐後任何人的血糖值都會升高，在胰島素（第 325 頁）這個荷爾蒙作用下，約 2 小時左右便會恢復正常。如果無法恢復正常值，就有可能是患有糖尿病。相反的，肚子餓的時候會導致血糖值下降，這時候就會提取儲存在肝臟等處的糖分，協助血糖恢復到正常的數值。

低血糖會引起發抖或是心悸

當血糖值過低時就是低血糖。會出現發抖、發冷、出汗、心悸等症狀。嚴重時也可能出現昏睡（無意識狀態）的情形。

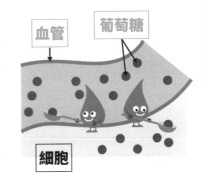

血管　葡萄糖

細胞

了解更多 如果只吃飯糰、麵包、泡麵等食物，就都可能造成血糖值突然上升。

血尿
是什麼呢？

(關於血尿)

當尿液流經的通道出血導致
尿液中混入血液，出現血尿。

這樣就懂了！ **3** 個大重點

肉眼可見的紅色尿液，可能是疾病的重要警訊

當尿液中混有血液（紅血球）時，就被稱為血尿。血尿的成因主要是因尿液流經的通道（腎臟、輸尿管、膀胱、尿道等）出血所致。當出現眼睛可看出的「紅色尿液」，就需非常注意這可能是膀胱癌等疾病的徵兆。

需特別注意是否為膀胱癌

血尿的原因可能為癌症（第 93 頁）、結石（第 322 頁）、膀胱炎等發炎疾病、腎臟的疾病及傳染病所致。有沒有感覺疼痛、突然出現血尿，也有人出現一兩次不會痛的血尿，之後恢復正常；但是半年後再度血尿時，就已經發展成膀胱癌。

攝取水分，前往醫院

當排尿時感到疼痛並出現血尿時，大多是膀胱炎引起。當一開始出現血尿時一定會受到驚嚇，記得先補充水分，待尿液顏色變淡時就前往醫院檢查。

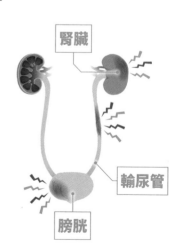

腎臟

輸尿管

膀胱

了解更多 尿液的異常情形多發生於40～50歲間。

嗜酸性球 是什麼呢？

(關於嗜酸性球)

嗜酸性球會聚集在身體發炎的部位，是負責保護身體的白血球。

這樣就懂了！ **3** 個大重點

在皮膚、支氣管、肺部、胃等部位發炎時相當活躍

在白血球的成分中最多的是「顆粒球」，有「嗜酸性球」、「嗜中性球」（第284頁）及「嗜鹼性球」（第384頁）三種。嗜酸性球會在皮膚、支氣管、肺部、胃等部位發生發炎狀況時聚集，有保護身體的作用。

也可能引起過敏反應

聚集在發炎部位的嗜酸性球會對抗寄生蟲或是細菌等外來物。但是，也可能會傷害到附近的組織，引起過敏反應。

健康的人的體內數量不多

嗜酸性球會在受到寄生蟲感染或是有過敏症狀出現時增加。當有透明的鼻水流出「是感冒？還是過敏性鼻炎？」，如果你相當在意，可以檢驗鼻水內嗜酸性球的含量，就可以判別是否為過敏性鼻炎了。健康的人的血液內嗜酸性球的數量不會太多喔。

與過敏有關的白血球

嗜鹼性球

➡ 第384頁

清除受損細胞的白血球

單核球

➡ 第386頁

白血球

擅於與細菌或病毒對抗的白血球

淋巴球

➡ 第385頁

擅長在發炎部位與寄生蟲或細菌對抗的白血球

嗜酸性球

➡ 第383頁

了解更多 當胃或是腸道發炎導致嗜酸性球增加時，會出現拉肚子等症狀。

嗜鹼性球是什麼呢？

(關於嗜鹼性球)

與氣喘等慢性過敏有關的白血球。

這樣就懂了！ 3 個大重點

因數量稀少，有很長一段時間被視為相當神秘的細胞！

在白血球中，「嗜鹼性球」只佔了顆粒球的不到 1%。因為數量太少，有很長一段時間是個像謎一樣的存在。與異位性皮膚炎、氣喘等慢性過敏有密切的關係。

也與過敏性休克相關

近期，針對嗜鹼性球是否為引起慢性過敏的主因這類的研究持續進行。已知嗜鹼性球與過敏性休克（第 369 頁）有所關聯，未來在過敏的治療上嗜鹼性球能帶來怎樣的發展，相當令人期待。

在被硬蜱感染時，也扮演了重要的免疫角色

大家知道硬蜱嗎？這是寄生在狗或是貓身上，能夠媒介傳染病的危險蟲子。嗜鹼性球會在被硬蜱感染時大量聚集，進行免疫作用。

了解更多 嗜鹼性球由諾貝爾生理學或醫學獎得主保羅·埃爾利希（Paul Ehrlich）發現。

臟器　五感　機能　身體動態　疾病　身體網絡

淋巴球是什麼呢？

（ 關於淋巴球 ）

擅長對抗病毒及細菌等
微小物質的白血球。

這樣就懂了！ **3** 個大重點

只要是見過一次的對手就不會忘記，下次再遇到就會立刻發動攻擊！

當人體有異物入侵時，就是由白血球進行保衛的工作。白血球其中的一員就是淋巴球。淋巴球擅長擊退病毒或細菌等微小物質，只要對抗過一次的對手就不會忘記，在下次遇到後就可以立刻發出攻擊。

會跑出血管外，在淋巴結巡邏

淋巴球也會跑到血管外面，到會收集病原體情報的淋巴結巡邏。在對抗細菌及病毒的白血球成員當中，扮演相當重要的角色。

結合淋巴球團隊的力量！

淋巴球是由負責發出攻擊指令的輔助性 T 細胞（第 283 頁）、負責接收指令出動攻擊的殺手 T 細胞（第 282 頁）以及負責記住敵人特徵的 B 細胞（第 286 頁）等組成的戰鬥團隊。曾經得過的傳染病不會再感染第二次，就是淋巴球團隊的功勞。

了解更多　淋巴球對像癌症等「不是自己的東西」相當敏銳，並會努力排除。

單核球是什麼呢？

（ 關於單核球 ）

單核球可變身成巨噬細胞，
是負責吞噬細菌等異物的白血球。

這樣就懂了！ **3** 個大重點

是負責吃掉不需要東西的「大胃王細胞」

單核球是大型的白血球，並負責處理細菌等異物。平常像變形蟲一樣在血管中移動、巡邏。負責吃掉受損或是有異狀的細胞，又被稱為「大胃王細胞」。

會跑出血管變身巨噬細胞！

單核球在防止人體感染上扮演相當重要的角色。會通過血管壁進入身體組織，並變身為「巨噬細胞」（第 288 頁）。負責吞噬並消化細菌等異物。

單核球增加時可能是得到傳染病的徵兆

當單核球增加時，可能要懷疑是否患有結核病或是急性單核球白血症。透過檢查單核球等白血球的數量，可知道身體是否受到細菌感染或是有發炎的情形。

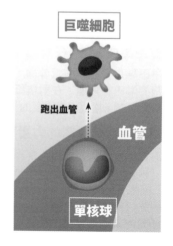

巨噬細胞

跑出血管

血管

單核球

了解更多 白血球的數量早晚會有變動。一般是早上較少，夜晚增加。

小嬰兒的屁股
為什麼會有胎記呢？

（ 關於蒙古斑 ）

**黑色素沉積在皮膚深處
就形成了胎記。**

這樣就懂了！ 3 個大重點

屁股有藍黑色像痣一樣的東西，就是「蒙古斑」！

你有在小朋友的腰、背部周圍看過藍黑色的斑塊嗎？這就是蒙古斑，不管是誰都有可能長喔。大部分的蒙古斑會在 10 歲左右消失，但偶爾還是會有到成人還留有蒙古斑的狀況。

看起來藍黑色是因為受到黑色素影響

這個藍黑色像痣一樣的斑塊，是在母親體內時，負責生成黑色素的色素細胞沒有跑到肌膚表面（表皮），而是沈積在肌膚深處（真皮），導致沉積的區塊看起來是藍黑色的。

最近蒙古斑較常被稱為「胎記」

蒙古斑的名稱雖源於蒙古，但並不是只有亞洲人才會長蒙古斑。不管是歐美或是非洲等，全世界的人都有可能出現這種藍黑色的斑塊。近期蒙古斑多被稱為「胎記」。

了解更多 想到蒙古斑這名字的人，是在明治時期去到日本的一位德國醫生──貝魯茲（Edwin Baelz）醫生。

387

嬰兒的手為什麼常常握拳呢？

(關於原始反射)

有人說，寶寶是為了將爸爸媽媽緊緊抓住、守護自己，而有這樣的動作。

這樣就懂了！ 3 個大重點

這是從猴子進化成人類時，所遺留下來的反射

剛出生的嬰兒，掌心一被觸碰，就會緊緊的握起拳頭。這個身體的自然反應，叫做「抓握反射」(Grasp reflex)。這樣的動作，被認為是猴子寶寶為了能依偎在父母身上而產生出來的。

嬰兒吸奶也是原始反射的一種

另外一些動作也是只有嬰兒時期才會出現的原始反射。比如說，將手指或乳頭放入寶寶口中時，他們會自然做出吸吮的動作，這稱為「吸吮反射」(Sucking reflex)。嬰兒透過這個反射，不需要大人教導就可以學會吸吮媽媽的乳房。

抓握反射大約在3～4個月大時消失

這些只有嬰兒才有的反射動作叫做「原始反射」(Primitive reflex)。如果寶寶完全沒有出現原始反射，可能要考慮是不是有腦部或神經方面的問題。大致上來說，手部的反射約在 3 ～ 4 個月大時消失，腳反射則是會在 9 ～ 10 個月大左右消失。

了解更多 有些人認為，罹患失智症時，有些原始反射又會開始產生。

額外補充小教室

第27頁

2022 年 8 月日本武田已開發出登革熱疫苗，並於歐盟和印尼核准上市。不過台灣尚未核准。

資料來源：衛生福利部疾病管制署「疾病介紹」
http://at.cdc.tw/q1Qdn5

第44頁

愛德華‧金納醫師（Edward Jenner）所發明的天花疫苗是世界上第一支疫苗，因此被後世稱為「免疫學之父」。

第56頁

台灣與日本定義代謝症候群的標準不同。台灣衛生福利部國民健康署慢性疾病防治組於 2007 年判定，以下 5 項危險因子中，若包含 3 項或以上者可判定為代謝症候群：

❶ 腹部肥胖：(腰圍：男性 ≧ 90 公分、女性 ≧ 80 公分)。
❷ 高血壓：收縮血壓 (SBP) ≧ 130mmHg/ 舒張血壓 (DBP) ≧ 85mmHg。
❸ 高血糖：空腹血糖值 (FG) ≧ 100mg/ dℓ。
❹ 高密度酯蛋白膽固醇 (HDL-C)：男性 <40mg/ dℓ、女性 <50mg/ dℓ。
❺ 高三酸甘油酯 (TG) ≧ 150mg/ dℓ。
其中血壓 (BP)、空腹血糖值 (FG) 等 2 危險因子之判定，包括依醫師處方使用降血壓或降血糖等藥品 (中、草藥除外)，導致血壓或血糖檢驗值正常者。

資料來源：台灣衛生福利部國民健康署慢性疾病防治組「成人（20 歲以上）代謝症候群之判定標準 (2007 台灣)」https://www.hpa.gov.tw/639/1219/n

第77頁

台灣於 2022 年起，擴大提供 71 歲以上長者或 65 歲以上未曾接種過肺炎鏈球菌多醣體疫苗之長者公費接種資格。

資料來源：衛生福利部疾病管制署「為提升長者免疫保護力，自 3 月 4 日起今年度肺炎鏈球菌多醣體疫苗，擴大公費接種對象至 71 歲以上長者，符合對象請儘速至合約院所接種」http://at.cdc.tw/608UFZ

第78頁

台灣每年約有數千人得到結核病：
2021：7062 人
2020：7823 人
2019：8732 人
2018：9179 人

資料來源：衛生福利部疾病管制署「台灣結核病防治
年報」http://at.cdc.tw/K4D302

第81頁

在台灣大腸癌在癌症發生人數中多年排名第一。

第93頁

衛生福利部統計 109 年度新發生癌症人數為 12
萬 1979 人，全癌症的標準化發生率為每 10 萬人
口 311.1 人。十大癌症前三名分別為大腸癌、肺
癌、女性乳癌。

資料來源：台灣衛生福利部國民健康署「公布 109 年國
人癌症登記資料分析結果 防癌保健康 五癌篩檢不可少」
https://www.mohw.gov.tw/cp-5275-73012-1.html

第95頁

目前台灣政府有補助「五癌篩檢」。內容包括：30 歲以上子宮頸癌、口腔癌篩檢、45 歲以上乳癌篩檢、50 歲以上大腸癌及肺癌篩檢。

資料來源：衛生福利部國民健康署「公布 109 年國人癌症登記資料分析結果 防癌保健康 五癌篩檢不可少」
https://www.mohw.gov.tw/cp-5275-73012-1.html

第166頁

較常見的說法為 22 塊骨頭，但也有解剖學家將舌骨當作頭骨的一部分，所以是 23 塊。

第173頁

台灣從四合一、五合一、六合一都有在使用。

第175頁

台灣嬰幼兒及兒童 (12 歲以下) 現行公費疫苗項目如下：

B 型 肝 炎 疫 苗 (Hepatitis B)、卡 介 苗 (Bacillus Calmette-Guérin vaccine, BCG)、白喉破傷風非細胞性百日咳、b 型嗜血桿菌及不活化小兒麻痺五合一疫苗 (DTaP-Hib-IPV)、13 價結合型肺炎鏈球菌疫苗 (Pneumococcal Conjugate Vaccine)

水痘疫苗 (Varicella)、麻疹腮腺炎德國麻疹混合疫苗 (Measles, Mumps and Rubella, MMR)、日 本腦炎疫苗 (Japanese Encephalitis Vaccine)、季節性流感疫苗 (Influenza)、A 型肝炎疫苗 (Hepatitis A)、破傷風、減量白喉混合疫苗 (Td)、減量破傷風白喉非細胞性百日咳混合疫苗 (Tdap)、減量破傷風白喉非細胞性百日咳及不活化小兒麻痺混合疫苗 (Tdap-IPV)、白喉破傷風非細胞性百日咳及不活化小兒麻痺混合疫苗 (DTaP-IPV)

資料來源：衛生福利部疾病管制署「現行公費疫苗項目」http://at.cdc.tw/c366Z5

我的筆記

中文版審訂

周芝安 醫師

學歷
- 天主教輔仁大學醫學系（2002~2009）

經歷
- 高雄榮民總醫院 兒童醫學部
  住院醫師 / 總醫師（2009~2013）
  小兒感染科研究醫師（2013~2015）

- 日本北海道醫療法人社團のえる小兒科
  母乳育兒支援中心 研修醫師（2018~2020）

證照
- 中華民國兒科專科醫師
- 中華民國感染症專科醫師
- 國際認證泌乳顧問（IBCLC）
- 日本泌乳顧問協會（JALC）會員

學術論文

Chou, CA et al. (2016). Comparisons of etiology and diagnostic tools of lower respiratory tract infections in hospitalized young children in Southern Taiwan in two seasons. J Microbiol Immunol Infect, 49(4), 539-545. (IF= 3.493)

譯作
臨床癌症學概要 (Synopsis of Clinical Oncology)
合記出版社 ISBN: 9789861269252

譯者
周倪安

畢業於政治大學企業管理研究所。曾留學日本,返台後於科技業任職,並接受日文口譯課程訓練。具備專案管理 PMP、JLPT N1 及多益金色證書。

現為自由譯者及兩兒兩貓的照顧者,希望透過翻譯將各種有趣的、好笑的、出乎意料的事情分享給大家。同時經營自己的繪本小天地「嘎咕的繪本探險」,分享在育兒及繪本中的大小發現。近期的生活不是在喝咖啡就是在去公園的路上。

Email: mininiaulala@gmail.com
粉絲團: https://www.facebook.com/readwGaku
部落格: https://mininiaulala.pixnet.net/blog

TITLE

人體妙極了！366

STAFF

出版	瑞昇文化事業股份有限公司
監修	原田知幸
中文版審定	周芝安
譯者	周倪安　周芝安

創辦人／董事長	駱東墻
CEO／行銷	陳冠偉
總編輯	郭湘齡
特約編輯	謝彥如
文字編輯	張聿雯　徐承義
美術編輯	謝彥如
國際版權	駱念德　張聿雯

排版	謝彥如
製版	明宏彩色照相製版有限公司
印刷	桂林彩色印刷股份有限公司
	絞億彩色印刷有限公司
法律顧問	立勤國際法律事務所　黃沛聲律師
戶名	瑞昇文化事業股份有限公司
劃撥帳號	19598343
地址	新北市中和區景平路464巷2弄1-4號
電話	(02)2945-3191
傳真	(02)2945-3190
網址	www.rising-books.com.tw
Mail	deepblue@rising-books.com.tw

初版日期	2024年2月
定價	500元

ORIGINAL JAPANESE EDITION STAFF

執筆

市橋かほる／久保佳那／佐野佳代子
篠原成己／島惠美／須貝誠／高橋一彰
高山由香／田中ひとみ／中村のぶ子
橋口佐紀子／マエダマリ／山田智子

國家圖書館出版品預行編目資料

人體妙極了!366 / 原田知幸監修；周倪安, 周芝安
譯. -- 初版. -- 新北市：瑞昇文化事業股份有限公司,
2024.02
　　400面；　21x14.8公分
　ISBN 978-986-401-707-2(平裝)

1.CST: 人體學 2.CST: 通俗作品

397　　　　　　　　　　　　　　　　113000905

1NICHI 1PAGE DE SHOGAKUSEI KARA ATAMA GA YOKUNARU!
JINTAI NO FUSHIGI 366
Copyright © 2022 by Tomoyuki HARADA
All rights reserved.
Illustrations by Arika CHIKARAISHI
Interior figures by Eiichiro TSUCHIYA(Studio BOZZ)
First published in Japan in 2022 by Kizuna Publishing.
Traditional Chinese translation rights arranged with PHP Institute, Inc., Japan.
through Daikousha Inc., Japan. Co., Ltd.